矿用泡沫除尘剂研究

马有营　著

北 京

冶 金 工 业 出 版 社

2018

内 容 提 要

本书主要针对泡沫除尘技术做了综述，介绍了除尘泡沫的基本性质及泡沫捕尘机理，采用复配实验的方法，在综合考虑发泡能力和润湿性的基础上，对现有泡沫除尘剂配方进行了改良，获得了一种新型泡沫除尘剂配方，并在现场取得了良好的降尘效果，实现了降低矿井粉尘浓度的目的。

本书供矿山安全管理人员、工程技术人员以及设计人员阅读，也可供高等学校相关专业师生参考。

图书在版编目（CIP）数据

矿用泡沫除尘剂研究/马有营著 . —北京：冶金工业出版社，2018.10
ISBN 978-7-5024-7915-2

Ⅰ.①矿…　Ⅱ.①马…　Ⅲ.①煤矿开采—泡沫防尘—研究　Ⅳ.①X752

中国版本图书馆 CIP 数据核字（2018）第 236974 号

出 版 人　谭学余
地　　址　北京市东城区嵩祝院北巷 39 号　邮编　100009　电话　（010）64027926
网　　址　www. cnmip. com. cn　电子信箱　yjcbs@ cnmip. com. cn
责任编辑　宋　良　美术编辑　吕欣童　版式设计　孙跃红
责任校对　郑　娟　责任印制　李玉山
ISBN 978-7-5024-7915-2
冶金工业出版社出版发行；各地新华书店经销；三河市双峰印刷装订有限公司印刷
2018 年 10 月第 1 版，2018 年 10 月第 1 次印刷
148mm×210mm；3.625 印张；136 千字；107 页
30.00 元

冶金工业出版社　投稿电话　（010）64027932　投稿信箱　tougao@ cnmip. com. cn
冶金工业出版社营销中心　电话　（010）64044283　传真　（010）64027893
冶金书店　地址　北京市东四西大街 46 号（100010）　电话　（010）65289081（兼传真）
冶金工业出版社天猫旗舰店　yjgycbs. tmall. com
（本书如有印装质量问题，本社营销中心负责退换）

前　言

　　随着煤矿采掘工作面机械化程度的提高，工作面现场的高浓度粉尘严重影响着工人的身体健康，威胁矿井的安全生产，因此，从保护现场作业人员职业安全健康以及企业安全生产的角度考虑，必须将采掘工作面的粉尘浓度控制在可容许的范围以内。本书采用理论分析、实验室研究与现场应用相结合的研究方法，提出了矿用泡沫除尘剂的研究思路。

　　本书研究分析了除尘泡沫的基本性质及泡沫捕尘机理，在此基础上优选出 12 种可用于泡沫除尘技术的发泡剂和 3 种润湿剂。进而采用改进 Ross-Miles 法，通过发泡剂单体初选实验及发泡剂复配实验，确定出了 3 种发泡剂的最优配方；通过 3 种发泡剂与 3 种润湿剂复配实验，确定出发泡剂与润湿剂的最优配比及浓度，从而初步确定了 9 种泡沫除尘剂配方；通过 DSA100 视频光学接触角测量仪，分别测量了初步确定的泡沫除尘剂配方对不同煤质矿井粉尘的润湿性，通过润湿性测定结果，对初步确定的泡沫除尘剂配方进行筛选，进而采用搅拌法和发泡器法测定了经接触角实验筛选之后的泡沫除尘剂的发泡倍数，最终确定出了 3 种发泡倍数高、润湿性好的泡沫除尘剂，其发泡倍数分别达到了 30.78 倍、38.61 倍和 34.92 倍。为了考察最终确定的泡沫除尘剂除尘效果，在综掘工作面进行了现场应用，通过测定使用泡沫除尘剂前后粉尘浓度，得出了泡沫除尘剂的降尘率，结果显示：课题研发的泡沫除尘剂对整个综掘工作面而言，全尘平均降尘效率达到了 92.6%，对呼吸性粉尘的降尘效率是 85.4%，降尘效果显著。

　　本书在编写过程中，得到了山东科技大学程卫民教授的悉心指导，辛嵩教授、刘伟韬教授、周刚副教授、聂文老师、王昊博士、于海明硕士给予了无私的帮助，在理论推导、实验室研究以及现场数据采集分析方面，他们都做了大量的工作。本书的出版还得到了国家自然科学基金项目"综掘工作面截割区域多级泡沫分区捕尘机理基础研究（编号：51804034）"和滨州学院的资助，在此一并表示感谢。

　　限于作者水平，书中若有不当之处，诚请读者批评指正！

马有营

2018 年 7 月

目　录

绪　论

1.1　课题的提出

粉尘是可以长时间以浮游状态悬浮于空气中的一种微细固体颗粒，煤矿粉尘是矿井在生产作业过程中所产生的各种岩矿微粒的总称。煤矿井下各个作业环节都会产生大量粉尘，其中以采掘工作面产尘量最大，占煤矿井下产尘总量的 85% 以上，严重影响着煤矿井下安全生产和矿工的身心健康。据统计，在未实施任何防尘措施的情况下，综掘工作面总尘浓度高达 2500mg/m^3，综采工作面总尘浓度高达 5000mg/m^3，综放工作面总尘浓度高达 8000mg/m^3，掘进工作面最高粉尘浓度可达 6000mg/m^3。矿井粉尘浓度过高，会引发粉尘爆炸；此外，矿工长期在高浓度粉尘环境中工作，还会引发尘肺病。

据国家安全生产监督管理总局统计[1]，2000~2016 年期间，全国共发生煤尘爆炸事故 15 起，致使 548 人遇难：2000 年 9 月 27 日，贵州水城矿务局木冲沟煤矿由于局扇无计划停电停风，引起特大恶性煤尘瓦斯爆炸事故，死亡 162 人；2001 年 12 月 27 日，山东新汶矿业集团汶南煤矿 -650 水平后一上山采区 11310 东断层切眼掘进面发生一起煤尘爆炸事故，死亡 17 人，受伤 23 人；2002 年 3 月 26 日，四川达州市宣汉县楠木沟煤矿（乡镇）发生煤尘爆炸事故，死亡 3 人；2002 年 4 月 2 日，江西宜春市宜丰县新庄镇煤矿（乡镇）

16 号煤巷因维修通风设备引起瓦斯煤尘爆炸，死亡 16 人；2002 年 5 月 20 日，新疆昌吉州米泉市第二煤矿发生煤尘爆炸事故，9 人死亡，9 人重伤，5 人轻伤；2003 年 2 月 5 日，贵州遵义市仁怀县车田煤矿（乡镇）发生煤尘爆炸事故，死亡 3 人；2004 年 2 月 8 日，山东兖矿集团济三煤矿 4304 综放工作面发生煤尘爆炸事故，2 人死亡，16 人受伤；2005 年 11 月 27 日，黑龙江龙煤集团七台河分公司东风煤矿发生一起特大煤尘爆炸事故，171 人遇难；2006 年 2 月 23 日，山东枣庄矿业集团联创公司（原陶庄煤矿）-525 水平 16108 回采面发生煤尘爆炸事故，18 人死亡，9 人轻伤；2006 年 10 月 28 日，新疆建设兵团农六师兴亚公司第一煤矿（国有地方）井下发生煤尘爆炸，14 人死亡；2007 年 4 月 16 日，河南平顶山市宝丰县王庄煤矿（私营）井下发生煤尘爆炸事故，31 人死亡；2008 年 6 月，山西孝义安信煤业有限公司发生煤尘爆炸事故，造成 34 人遇难；2010 年 12 月，河南义煤集团巨源煤矿发生煤尘爆炸事故，造成 26 人遇难；2012 年 9 月，江西萍乡高坑煤矿发生煤尘爆炸事故，造成 15 人遇难；2014 年 8 月，东方煤矿发生重大煤尘爆炸事故，造成 27 人遇难。

此外，尘肺病作为一类职业病，是一种"隐性"矿难和"隐形杀手"，较之瓦斯爆炸等"显性"矿难更具有杀伤力，它损害的群体更多、更广，潜在的危害性更重，破坏性更强。据统计，死于尘肺病的患者数达矿难和其他工伤事故死亡人数的 6 倍之多[2~9]。例如：山西省累计查出煤矿尘肺病患者 3.6 万名，约占全省总人口的千分之一。据卫生部的统计数据表明，到 2016 年年末，全国煤矿（包括乡镇小煤矿、小煤窑）累计尘肺病患者达 70 余万人，接近我国各行业尘肺病人数的一半，尘肺患者累计死亡 18.6 万人。目前每年尘肺新发病人达 25000 人，死亡约 5600 人，而且尘肺病的发病情况仍呈逐年上升的趋势。据不完全统计，我国国有重点煤矿尘肺病患病率高达 10%以上。数量众多的职业尘肺病患者，要花费大量的人力、物力、财力来进行治疗，不仅经济损失巨大，而且也给患者及家属带来了很大的痛苦。每年国家用于治疗尘肺病的医疗等费用就高达 50 亿元人民币。

由此可见，煤矿井下生产现场的高浓度粉尘，轻则降低矿工的劳动生产率，影响矿井的产量和效益；重则导致矿工患尘肺病长期不能治愈而死亡，或导致粉尘爆炸，甚至引发粉尘爆炸事故，造成重大人员伤亡和经济损失。因此，针对目前我国煤矿安全生产形势非常严峻的情况，控制尘肺病的发生和防止煤尘爆炸事故，已成为煤炭行业头等重要的大事。所以，对综掘工作面泡沫除尘技术进行实验研究，不仅能大幅度降低综掘工作面空气中的粉尘浓度，而且对井下其他产尘作业点的防尘工作具有积极的借鉴作用，对于保障煤矿企业的安全生产、改善作业地点的工作环境、保护煤矿工人的身心健康具有重大的现实意义。

1.2　国内外研究现状

长期以来，由于人们对粉尘对人体危害的长期性、对生产威胁的潜在性认识的不足，使粉尘研究工作处于停滞不前和小改小革的状态。矿尘防治理论与技术领域的理论研究和应用技术研究非常薄弱，至今没有形成成套的理论系统和技术体系，以至于掘进工作面粉尘污染问题随着机械化程度的提高越来越严重，不仅恶化了作业环境，影响工人的身体健康，也大大地影响了掘进工作面的生产效率，同时工作空间漂浮着大量的爆炸性粉尘也给掘进作业带来了潜在的安全威胁[10]。近年来，随着各国对粉尘危害的认识加强，矿山粉尘治理技术的研究工作处于逐步发展时期，并取得了一定的研究成果。

1.2.1　泡沫除尘国外研究现状

泡沫除尘是用无空隙泡沫体覆盖尘源，使刚产生的粉尘得以湿润、沉积，失去飞扬能力的除尘方法。泡沫除尘技术问世于 20 世纪 50 年代，英国最先开展了这方面的研究，继后美国、苏联、联邦德国、日本等国陆续开展了这方面的工作，并取得了一定的效果。

1966～1967 年，苏联卡拉干达煤田对泡沫除尘做了大量的研究。其研究人员试验了数十种不同浓度的阴离子表面活性剂物质，研制了高倍数空气机械泡沫发生器，并在放炮点、采煤机、凿岩机等多个产尘点进行了试验[11~13]。其中，在岩石掘进工作面的测定试验结果显示，凿岩机司机作业处降尘率为93.6%；距转载点约10m处的降尘率则为97.1%；应用于采煤机时，可使联合采煤机的除尘效能较通常的防尘措施提高2~5倍[14]。苏联科学家马克尼在这方面也做了大量工作，他和全苏表面活性物质科研所联合研制了一种符合卫生和技术要求的起泡剂，与国立煤矿机械设计与实验研究所、顿涅茨克煤矿机械设计院共同研制了一种在急倾斜煤层工作面和1K-101型采煤机上使用的泡沫除尘设备，并在顿巴斯中心区的7个煤层进行泡沫除尘试验[15]，结果表明，这种设备的技术指标为：每采1t煤消耗泡沫2~3m³，起泡液为15~20L，在缓倾斜煤层的除尘效率为94%以上，在急倾斜煤层的除尘效率为80%~90%。可见，这一时期的研究主要集中在高倍数泡沫，泡沫除尘的应用工艺主要是淹没式，即由发泡器产生大量的高倍数泡沫充填整个作业地点阻止粉尘向外扩散。

1969年，美国矿业局委托Monsanto公司和Day-ton实验室研究泡沫除尘技术[16~18]。Monsanto公司和Dayton实验室自1969年11月至1970年10月对泡沫除尘技术进行了实验室模拟研究，建立了实验室粉尘产生装置和泡沫除尘系统，并改进了原有的泡沫发生器，将预混好的发泡液由压缩空气（或者氮气）压入发泡器中，喷射到发泡网上，再由空气鼓吹发泡网发泡[19]，如图1-1所示。

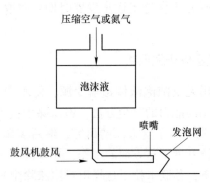

图1-1 Monsanto公司和Dayton实验室所采用的发泡器结构示意图

1971 年，美国矿业局和 Deter 公司签订协议，委托该公司研究泡沫除尘技术，Deter 公司在随后的几年里研究了泡沫粒径分布和除尘效率之间的关系。研究发现，影响泡沫除尘效率的关键因素是泡沫的结构。他们认为，微小泡沫比大泡沫更稳定，粉尘颗粒在与泡沫发生接触后，泡沫基本上不发生变化，捕尘效果好；另外，粉尘颗粒容易穿入到微小泡沫内部，导致泡沫破裂，进而湿润粉尘。据此，Deter 公司通过试验确定直径在 100~200μm 之间的微泡沫，除尘效率最高[7]。另外，该公司设计了微泡沫除尘的应用系统，系统采用孔隙填充物式发泡器制备泡沫。Deter 公司在多家煤矿和水泥厂等企业的皮带运输转载点迅速建立了 200 多套泡沫除尘系统。

20 世纪 70 年代中期，随着美、苏、波兰等国表面活性剂行业的发展，泡沫除尘技术在生产中得到广泛的应用，并研制出了多种规格的廉价发泡剂；此后，根据不同尘源的要求，开发出不同型号的泡沫除尘配套系列产品。

20 世纪 80 年代初，原美国矿业局研制出了压缩空气型泡沫除尘装置。它是先将压缩空气、水、表面活性物质用混合机强行混合后，再送至发泡装置的金属网处，形成小泡沫，再通过导管向指定地点喷射[8]。他们用该装置于 1983 年和 1984 年分别在位于西弗吉尼亚州和犹他州的两处煤矿的长壁工作面进行试验，结果表明，其除尘效率高出喷雾降尘 50%，而耗水量只有喷雾降尘的 1/10~1/5，缺点是成本太高。

1983 年，日本的山尾信一郎、梅津富等人进行了泡沫除尘的研究，分析了网式泡沫喷射器的工作参数，并在采煤机上进行泡沫喷射器不同安装方式的除尘试验[20]。试验结果显示，泡沫除尘比水雾除尘可使空气中悬浮煤尘含量降低 50%~70%。

1.2.2 泡沫除尘国内研究现状

我国泡沫除尘的研究起步较晚。1984 年年底，煤科院上海研究所开始了泡沫除尘的探索，初步研究了泡沫除尘的机理，并在实验室模拟了泡沫除尘。试验结果表明泡沫除尘是一种有效的除尘方法。

但由于当时条件的限制，没有进行工业型试验，更没有在煤矿上建立一套实用的泡沫除尘系统。1986年，湖北省劳保所开始研究凿岩泡沫除尘技术，发明了凿岩泡沫除尘器，并在五台煤矿的毛口灰岩和武钢程潮铁矿的花岗岩凿岩工作面进行了现场试验，取得了良好的效果。但由于其所研发的设备中发泡液是间断添加，不能实现连续工作，导致研究成果只适用于钻孔施工地点，不适用于采掘工作面和转载点等空间狭小、连续产尘的地点。1995年以来，北京科技大学也开展了泡沫除尘相关内容的研究，从理论上分析了泡沫除尘机理，网式发泡器的结构、性能及其工作参数，其研究内容主要集中在高倍数泡沫[21]。2005年以来，中国矿业大学对泡沫除尘机理、井下泡沫除尘发生器、发生装置及除尘系统进行了较深入的研究和实践，取得了显著进展。

1.3　课题研究的目的与意义

在相当长的一段时期内，国家经济建设对能源需求将持续增加，而我国以煤炭为主要能源的局面也暂时不会改变。我国连续十几年煤炭产量及消耗的递增印证了这一点。随着国家能源需求的上升，以高产、高效的大型机械化为主要标志的现代矿井不断涌现出来。而伴随着机械化程度的不断提高，采掘工作面的粉尘产生量也与日俱增，造成工作面作业环境的严重污染，对工人的职业健康及煤矿的安全生产带来了威胁。因此，煤矿粉尘不但严重威胁着井下工作人员的职业安全健康，也影响着企业生产的发展和社会的稳定。虽然目前国内各个煤矿对粉尘治理十分重视，且采取了一系列降尘措施，但粉尘浓度高的问题一直没有得到很好地解决，随着矿井的发展，粉尘治理工作显得越来越重要[11]。因此，为了搞好采掘工作面的防尘工作，有效降低采掘工作面粉尘浓度，保障煤矿的安全生产以及提高工人的职业安全健康程度，针对现有采掘工作面除尘技术存在的问题，提出"矿用泡沫除尘剂研究"这一研究课题。

目前国内矿井泡沫降尘技术还处于初级阶段，现有的泡沫除尘剂泡沫率低、降尘能力弱，这些因素直接导致了现有的矿井泡沫降尘技术降尘效率低，没能得到普遍的推广应用。本课题通过实验室研究，采用单体实验及复配实验、接触角测定实验以及发泡倍数测定实验等方法，研发出发泡倍数高、除尘效果好的泡沫除尘剂。

本课题的研究成果对于有效防治煤矿采掘工作面现场粉尘浓度高的问题，提高井下矿工的职业安全健康程度，指导矿山企业的安全生产，具有重要的理论意义和实用价值，经济效益和社会效益较大。

1.4 研究内容与方法

1.4.1 研究内容

本书的主要研究内容分为以下 5 个方面：

（1）除尘泡沫基本性质及泡沫捕尘机理研究。根据发泡液的组成成分，结合物理化学、表面化学、流体力学等知识从理论上研究分析除尘泡沫的形成机理，同时对泡沫捕尘和泡沫与粉尘的黏附机理进行研究，为泡沫除尘剂的研制提供理论基础。

（2）矿用泡沫除尘剂配方初选。在对除尘泡沫对泡沫除尘剂性质的要求及其选择原则进行研究的基础上，筛选出若干种可用于泡沫除尘技术的发泡剂和润湿剂，进而采用改进 Ross-Miles 法，通过发泡剂单体初选实验、发泡剂单体复配实验以及发泡剂与润湿剂复配实验，初步确定泡沫除尘剂配方。

（3）泡沫除尘剂润湿性测定及配方优选。利用 DSA100 视频光学接触角测量仪，分别测量初步确定的泡沫除尘剂对无烟煤煤尘、褐煤煤尘以及焦煤煤尘的润湿性，筛选出润湿性好的泡沫除尘剂配方。

（4）泡沫除尘剂发泡倍数测定及配方确定。分别采用实验室搅拌法和发泡器法测定经润湿性实验筛选之后的泡沫除尘剂的发泡倍数，通过发泡倍数测定实验，最终确定出发泡倍数最高的配方，作为矿用泡沫除尘剂的最终配方。

(5) 现场应用。将研发出的矿用泡沫除尘剂在兖矿集团兴隆庄煤矿进行现场应用,测定使用泡沫除尘剂前后粉尘浓度情况,以此考察课题研发的矿用泡沫除尘剂除尘效果。

研究技术路线见图 1-2。

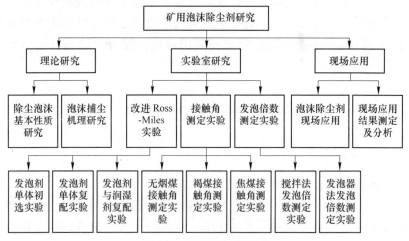

图 1-2　研究技术路线图

1.4.2 研究方法

本课题采用理论分析、实验室研究与现场应用相结合的研究方法,在对除尘泡沫的基本性质及泡沫捕尘机理进行研究的基础上,优选出了若干种发泡剂和润湿剂。进而采用改进 Ross-Miles 法,通过发泡剂单体初选试验及发泡剂复配实验,确定出发泡剂的最优配方,通过发泡剂与润湿剂复配实验,确定出发泡剂与润湿剂的最优配比,从而初步确定泡沫除尘剂配方;通过 DSA100 视频光学接触角测量仪,分别测量初步确定的泡沫除尘剂对不同煤质煤尘的润湿性,从而筛选出润湿性较好的泡沫除尘剂;通过实验室搅拌法和发泡器法,分别测量经润湿性实验筛选之后的泡沫除尘剂的发泡倍数,通过对实验结果进行分析,选出发泡倍数最高的泡沫除尘剂配方作为最终配方;通过现场应用,测定使用泡沫除尘剂前后粉尘浓度的变化情况,以此考察研发的矿用泡沫除尘剂的实用效果。

1.5 本章小结

本章针对近几年我国煤矿粉尘爆炸时有发生及尘肺病持续递增的严峻形势，提出进行矿井粉尘防治的必要性和紧迫性，从而引出本书所研究的矿用泡沫除尘剂，并从国内外两个方面阐述了目前关于矿井粉尘防治主要技术手段以及泡沫除尘技术的研究现状，指出了其中的不足。根据不足之处，提出了本书研究的目的、意义、内容与方法。

② 除尘泡沫基本性质及泡沫捕尘机理研究

泡沫是由液体薄膜隔离的气泡聚集在一起形成的。泡沫是一种气-液分散介质，气体为分散相，液体为分散介质。泡沫主要由相互间作用力比较弱的稀泡和由多面气泡堆积而成的浓泡组成。泡沫捕尘是泡沫与粉尘相互作用，整个过程非常复杂，受多种因素影响。本节将对除尘泡沫的基本性质和泡沫捕尘机理进行研究。

2.1 除尘泡沫的基本性质

2.1.1 泡沫分类

（1）泡沫按维持时间长短，可以分为几秒钟即破的"短暂泡沫"和不受外力作用情况下可以维持数天不破的"持久性泡沫"。

（2）按照产生泡沫和破坏泡沫两种力之间的平衡关系，泡沫可以分为"不稳定性泡沫"和"稳定性泡沫"。

（3）按泡沫聚集的形式和状态，可将泡沫分为"稀泡"和"浓泡"

2.1.2 泡沫的形成机制

2.1.2.1 泡沫生成的条件

（1）发泡液的表面张力很小。如果生成泡沫的液体表面张力过大，则泡沫很难形成，即使已经形成了泡沫，泡沫生成液的表面张力也会挤出泡沫内的气体，最终使泡沫破裂[22,23]。表面活性剂的加入可以有效降低液体的表面张力，因此，若要生成泡沫，需在液体内加入一定量的表面活性剂。

（2）气液接触。为了使泡沫更好的生成，需要让泡沫生成液与气体进行充分接触，因此，气液混合时间是否充足，也是能否生成泡沫的决定性因素。

（3）发泡速度高于破泡速度。泡沫的发泡速度和破泡速度之间的关系直接决定了泡沫的寿命，即泡沫的稳定性。在纯水中很难得到泡沫，只能得到瞬间破灭的气泡，纯水中产生的气泡只能维持0.5秒左右，这样的泡沫不具备稳定性[13]。而如果在水中加入一定量的表面活性剂，水中产生的泡沫稳定性会得到增强，从而得到持续稳定的泡沫。

2.1.2.2 泡沫生成的机理

泡沫是一种气体做分散相、液体做分散介质的分散相物质，因此可以用分散法即采用充气和搅拌的方法生成泡沫。泡沫的生成过程可以分为两个阶段：（1）气体在发泡液中分散形成大量的泡沫体系；（2）泡沫的聚并可以使表面自由能降低，生成的大量泡沫体系通过泡沫聚并达到比较稳定的平衡状态[24]。

发泡剂在加入水中以后会以亲水基朝向水、疏水基朝向空气的形式存在，随着水中发泡剂浓度的不断增大，发泡剂分子会自动收缩体积，形成定向排列的直立状态。由于泡沫密度小于水的密度，生成的泡沫不断地往液面上升，当刚露出水面的泡沫与空气接触时，在液面两侧吸附的发泡剂就形成双分子膜，此时形成的泡沫具有良好的稳定性。随着泡沫的不断产生，堆积在液体表面，就形成了泡沫群。图2-1所示为泡沫生成过程。

2.1.2.3 泡沫的聚并

泡沫聚并在泡沫生成过程有着至关重要的作用。泡沫刚开始形成时大小不同，且处于高表面自由能状态，此时泡沫极不稳定，泡沫与泡沫之间会发生聚并现象，大泡沫聚并小泡沫从而降低自身表

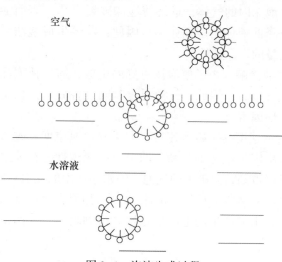

图 2-1   泡沫生成过程

面自由能，从而形成一个较稳定的泡沫[25~27]。

将相邻的两个泡沫作为研究对象，建立泡沫聚并模型，如图 2-2 所示。

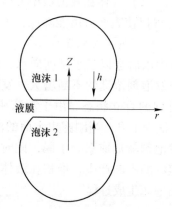

图 2-2   泡沫聚并模式示意图

用数学方法分析泡沫聚并过程[28]，假设有以下条件：

（1）两泡沫接触面为平行平板接触；

（2）构成液膜的液体在流动时为轴对称流动形式；

（3）忽略构成液膜的液体的其他运动，仅考虑镜像运动，且界面完全流动；

（4）膜内流体的流场分布为平板分布；

（5）流体为牛顿型流体，不可压缩且其黏度值为一定值；

（6）$\dfrac{\partial p}{\partial z} = 0$；

（7）液膜变薄速率与半径没有关系，即 $\dfrac{\partial h}{\partial r} = 0$；

（8）不考虑重力的影响。

在上述条件下对泡沫聚并过程用数学方法进行推导。当仅考虑径向动量时微分方程为：

$$\rho\left(\frac{\partial u_r}{\partial t} + u_r\frac{\partial u_r}{\partial r} + \frac{u_\theta}{r}\frac{\partial u_r}{\partial r} - \frac{u_\theta^2}{r} + u_z\frac{\partial u_r}{\partial z}\right)$$

$$= -\frac{\partial p}{\partial r} - \left(\frac{1}{r}\frac{\partial}{\partial r}(r\tau_{rr}) + \frac{1}{r}\frac{\partial \tau_{r\theta}}{\partial \theta} - \frac{\tau_{\theta\theta}}{r} + \frac{\partial \tau_{rz}}{\partial z}\right) \qquad (2-1)$$

轴对称假设消除了所有包括 u_θ，$\dfrac{\partial}{\partial \theta}$ 的项，根据假设（4），$\dfrac{\partial u_r}{\partial z} = 0$，式（2-1）简化为：

$$\rho\left(\frac{\partial u_r}{\partial t} + u\frac{\partial u_r}{\partial r}\right) = -\frac{\partial p}{\partial r} + u\left[\frac{\partial}{\partial r}\left(\frac{1}{r}\frac{\partial}{\partial r}ru_r\right) + \frac{\partial \tau_{rz}}{\partial z}\right] \qquad (2-2)$$

由于速度分布为平板型，黏性力的影响可忽略[29]。式（2-2）可进一步简化为：

$$\rho\left(\frac{\partial u_r}{\partial t} + u\frac{\partial u_r}{\partial r}\right) = -\frac{\partial p}{\partial r} \qquad (2-3)$$

将上式沿着膜厚（z 方向）进行积分

$$\rho\left(\frac{\partial u_r}{\partial t} + \frac{1}{2}\frac{\overline{\partial u_r^2}}{\partial r}\right) = -\frac{\partial p}{\partial r} \qquad (2-4)$$

其中，

$$\overline{u_r^2} = 1/h\int_{-h/2}^{h/2} u_r^2 \mathrm{d}z \qquad (2-5)$$

由于速度分布为平板型，所以这个可代替径向速度为

$$\overline{u_r^2} = u_r^2 \qquad (2-6)$$

因为假设液膜为平行平板，对径向 $r - r + \mathrm{d}r$ 间液体进行质量守恒计算，径向任意位置处的平均液速为

$$-\pi r^2 \frac{\mathrm{d}h}{\mathrm{d}t} = 2\pi r h u_r \Rightarrow u_r = -r/2h \frac{\mathrm{d}h}{\mathrm{d}t} \qquad (2-7)$$

式（2-7）即为简化后的连续性方程，将式（2-7）代入式（2-4）中，得

$$\frac{\partial}{\partial t}\left(-\frac{r}{2h}\frac{\mathrm{d}h}{\mathrm{d}t}\right) + \left(-\frac{r}{2h}\frac{\mathrm{d}h}{\mathrm{d}t}\right)\frac{\partial}{\partial r}\left(-\frac{r}{2h}\frac{\mathrm{d}h}{\mathrm{d}t}\right) = -\frac{1}{\rho}\frac{\partial p}{\partial r} \qquad (2-8)$$

整理后得

$$\left(-\frac{r}{2h}\right)\frac{\mathrm{d}^2 h}{\mathrm{d}t^2} + \frac{3r}{4h^2}\left(\frac{\mathrm{d}h}{\mathrm{d}t}\right)^2 = -\frac{1}{\rho}\frac{\partial p}{\partial r} \qquad (2-9)$$

将上式沿径向积分：

$$\frac{\mathrm{d}^2 h}{\mathrm{d}t^2} = \frac{3}{2h}\left(\frac{\mathrm{d}h}{\mathrm{d}t}\right)^2 - \frac{4h}{\rho R^2}\Delta p \qquad (2-10)$$

其中

$$\Delta p = \Delta p_c + \Delta p_H \qquad (2-11)$$

对于两个具有一定曲率半径的泡沫，毛细变薄压力为

$$\Delta p_c = \gamma(1/R_1 + 1/R_2) \qquad (2-12)$$

当 $r_1 = \infty$，泡沫在气液界面聚并时

$$\Delta p_c = \gamma/r_b \qquad (2-13)$$

当液膜厚度很小时，分子间作用力开始变得重要，界面分子会被液膜内部分子密度高的流体中的分子吸引，增加了液膜内部的压强，加快了液膜的脱落速率。这种作用就是汉马克（Hamaker）作用力，亦即范德华分子间作用力[30~32]，其表达式为：

$$\Delta p_H = \frac{A}{6\pi h^3} \qquad (2-14)$$

式中，A 为 Hamaker 常数，$A = 10^{-20}$ J。

将式（2-13）和式（2-14）代入式（2-10），得到两个泡沫聚并的动力学方程

$$\frac{d^2h}{dt^2} = \frac{3}{2h}\left(\frac{dh}{dt}\right)^2 - \frac{4r}{\rho R^2 r_b}h - \frac{2A}{3\pi \rho h^2 R^2} \qquad (2-15)$$

2.2　泡沫捕尘机理

　　泡沫除尘就是用泡沫除尘剂和泡沫发生器共同作用产生大量泡沫喷洒到尘源上或含尘空气中覆盖尘源，防止粉尘向工作区域扩散，从而使粉尘得以湿润和抑制。

　　泡沫能对粉尘产生截留、惯性碰撞、扩散、黏附、重力沉降等多种作用。截留和重力对于大颗粒粉尘在低速条件下起主要作用，而对于微细粉尘而言，扩散、静电力等因素起主要作用。下面对泡沫除尘机理进行详细分析。

2.2.1　截留作用

　　截留机理的观点认为，有大小而无质量的粒子或粒径小于 $5\mu m$ 的粒子会跟着其周围气体的流动而流动[33]。当流动的气体对着泡沫流动时，气流将在泡沫的上游折转而绕泡沫流过。如果在某一流线上的粒子中心正好使 $d_p/2$ 能接触到泡沫，则该粒子被截留，如图 2-3 所示。此流线以下范围为 b，大小同为 d_p 的所有粒子均被截留。于是，这条流线是距泡沫最远处能被截留粒子的运动轨迹，即极限轨迹。

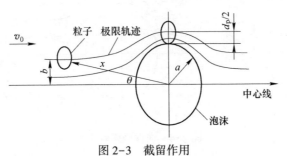

图 2-3　截留作用

　　设泡沫直径为 $D_f = 2a$ 的球体，对于绕球体的势流（为了方便推导，假设为势流），用球坐标表示的流函数为

$$\psi = (1/2)v_0\sin^2\theta[r^2 - (a^3/r)]$$

那么速度分量为:

$$\begin{cases} u_r = \dfrac{1}{r^2\sin\theta}\dfrac{\partial\psi}{\partial\theta} = v_0\cos\theta[1 - (a/r)^3] \\ u_\theta = \dfrac{1}{r\sin\theta}\dfrac{\partial\psi}{\partial\theta} = -\dfrac{1}{2}v_0\cos\theta[2 + (a/r)^3] \end{cases} \quad (2\text{-}16)$$

在球的表面:

$$u_r = 0, \quad u_\theta = -(3/2)v_0\sin\theta \quad (2\text{-}17)$$

Ranz 给出的对势流下绕球体的截留效率为:

$$\eta_R = [1 + (d_p/D_f)]^2 - D_f/(D_f + d_p) \quad (2\text{-}18)$$

令 $R = d_p/2a = d_p/D_f$ 为拦截参数; $\eta_R = (1+R)^2 - [1/(1+R)]$; 而上式中, η_R 应满足 $0 \leqslant \eta_R \leqslant 1$, 于是有 $0 \leqslant d_p \leqslant 0.3247D_f$ 在实际问题分析中, $d_p \ll D_f$, 所以完全满足上式。

2.2.2   惯性碰撞

在截留中, 建立模型是假设尘粒没有质量, 只有体积, 而在惯性碰撞时, 则正好相反。在惯性碰撞中, 假设有质量为 m_p 的粒子沿流线运动绕流时, 由于惯性作用而偏离流线, 与泡沫相撞而被捕集[34], 如图 2-4 中虚线所示。

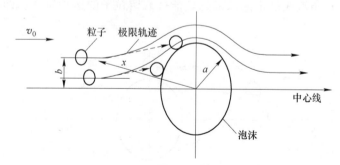

图 2-4   惯性碰撞效应

要想求得惯性碰撞效率, 方法是建立粉尘粒子运动方程。由运动方程求极限轨迹, 再求出偏轴距 b, 然后由 b^2/a^2 求得绕球体的惯性碰撞效率。但由于轨迹方程很难求解, 以及偏轴距 b 不易确定,故无法得到惯性碰撞效率的解析解。理论与实验分析发现，斯托克斯数 S_{tk} 是表征惯性碰撞效应的重要参数，其定义为：

$$S_{tk} = \tau(2v_0/D_f) = \rho_p d_p^2 v_0/(9uD_f) \quad (2\text{-}19)$$

式中，τ 为张弛时间，s；v_0 为来流速度，m/s；D_f 为泡沫直径，m。

由于很难得到惯性碰撞效率的解析解，故在实际应用中，常给出其数值解或经验表达式。其中，Herne 得出的对于绕流斯托克斯数在 $0.0416 \leqslant S_{tk} \leqslant 0.3$ 时，球体的惯性碰撞效率经验式为：$\eta_I = 0.00376 - 0.0464S_{tk} + 9.68S_{tk}^2 - 16.2S_{tk}^3$，当 $S_{tk} > 0.3$ 时，球体的惯性碰撞效率经验式为：

$$\eta_I = S_{tk}^2/(S_{tk} + 0.25)^2$$

2.2.3 扩散效应

微细尘粒（$d_p < 1\mu m$）在气流中受到热运动的气体分子撞击后，并不均衡地跟随流线，而是在气体中做布朗运动。由于这种不规则的热运动，在紧靠泡沫附近，微细尘粒可能与泡沫相碰撞而被捕集，称为扩散效应。随着粉尘颗粒减小、流速减慢和温度增加，尘粒的热运动加速，从而与泡沫的碰撞概率也就增大，扩散效应增强[35,36]。

当尘粒从高浓度区向低浓度区域扩散，逐渐使浓度均一化，与气体的扩散相类似，可用形式相同的微分方程式来描述尘粒的运动，即：

$$\frac{\partial C}{\partial t} = D_p\left(\frac{\partial^2 C}{\partial x^2} + \frac{\partial^2 C}{\partial y^2} + \frac{\partial^2 C}{\partial z^2}\right) \quad (2\text{-}20)$$

式中，C 为尘粒的质量浓度 g/m^3；t 为时间，s；D_p 为尘粒的扩散系数，m^2/s。

当微细尘粒在随气流运动不再沿流线绕流泡沫时，此时扩散效应将起作用。由于扩散作用的产生，粉尘颗粒被泡沫或尘层捕获的概率增加。粉尘粒子向泡沫扩散的过程十分复杂，其扩散率通常是泡沫绕流雷诺数 Re 和粒子贝克莱特（Peclet）数 Pe 的函数[37]。贝克莱数 Pe 的定义为：

$$Pe = v_0 d_p/D_p$$

对于 $d_p < 1\mu m$ 粒子的布朗扩散，由斯托克斯 - 爱因斯坦公式给出：

$$D_p = k_B T C_u / 3\pi d_p$$

式中，k_B 为玻耳兹曼常数，$k_B = 1.38 \times 10^{-23} \mathrm{J/K}$；$C_u$ 为 Cunningham 修正系数，其表达式为 $C_u = 1 + \dfrac{2\lambda}{d_p}\left[1.257 + 0.4\exp\left(-1.1\dfrac{d_p}{2\lambda}\right)\right]$；$\lambda$ 为气体分子平均自由程，μm。

对于球体的扩散效率，在 $Re < 1$、$Pe < 1$ 时，Crawford 给出扩散效率为：$\eta_D = 4.18 Re_D^{1/6} Pe^{-2/3}$。

2.2.4　黏附效应

泡沫外表面具有黏附粉尘的功能，其捕尘机理如图 2-5 所示。当具有一定速度的泡沫（a）向粉尘运动（b），粉尘经过碰撞、截留和扩散等一系列作用后到达泡沫表面（c），被泡沫所黏附（d）。由于泡沫质量的不断增加，并在重力的作用下，一部分泡沫直接落到地面上，而另一部分由于泡沫上表面液膜逐渐变薄直至破裂，最终形成许多包裹粉尘的泡沫小碎片（e）降落到地面。

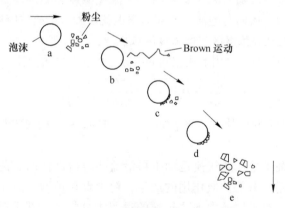

图 2-5　泡沫黏附粉尘示意图

无论是截留效应，还是惯性碰撞和扩散作用，决定其除尘效率高低的是泡沫是否能够把抵达的粉尘吸附在外表面，而不让粉尘逃逸出去。因为粉尘颗粒在抵达到泡沫表面时，不可能全部被泡沫所捕集，有些粒子可能反跳回气流中，因此泡沫黏附效应在除尘过程中起着至关重要的作用[38]。黏附力是衡量泡沫吸附粉尘能力的最直观表现，最简单的黏附力表达式为：

$$F_a = \cdot D_p$$

式中，F_a 为黏附力，N；$\cdot$ 为泡沫表面黏附系数；D_p 为粒子直径。

由于泡沫黏附力受到多方面因素的影响，如泡沫湿度、表面活性剂（发泡剂）的亲和性等，Corn、Bowden 和 Ta-bor 研究了相对湿度对黏附力的影响，其结果为：

$$F_a = \cdot D_p(0.5 + 0.45 R_H) \qquad (2-21)$$

式中，R_H 为泡沫相对湿度，%。

2.3 本章小结

（1）总结得出了泡沫可以按照维持时间长短、泡沫的产生力和破坏力之间平衡关系以及泡沫的集聚状态不同进行分类，并对泡沫形成过程进行了研究。

（2）对泡沫捕尘机理进行总结，详细分析了泡沫捕尘过程中的截留作用、惯性碰撞、扩散效应以及黏附效应的机理，为泡沫除尘剂的研发提供了理论基础。

③

矿用泡沫除尘剂配方初选

泡沫除尘技术是利用矿用泡沫发生器将泡沫除尘剂经过搅拌、风吹等方法制备成泡沫，进而将泡沫输送到产尘地点将尘源覆盖，从而达到抑制粉尘扩散、降尘的效果。因此，泡沫除尘剂性能的好坏直接影响到泡沫除尘技术效果的好坏。本章综合考虑泡沫除尘剂的发泡能力和润湿性能两方面因素，通过实验室研究的方法，初步确定了由发泡剂和润湿剂组成的泡沫除尘剂配方。

3.1 泡沫除尘剂性能测定方法

3.1.1 泡沫除尘剂发泡性能测定方法

目前，国内外对泡沫除尘剂发泡能力的评价方法主要有 Waring Blender 法、压气气流法、DIN 孔盘打击法、Ross - Miles 法和改进 Ross-Miles 法等。

本实验采用的是改进 Ross-Miles 法，该方法属于震荡起泡中的倾泻法，根据《表面活性剂发泡力的测定改进 Ross-Miles 法》（GB/T 7462—94）规定：打开超级恒温水浴，将其温度设定在（30 ± 0.5）℃，等夹套量筒中的水温稳定后开始实验。将 450mL 试样溶液从高 500mm、内径 2.5mm 的分液漏斗的细孔中流下，冲入 50mL 具有相同温度和相同浓度的试样溶液中，记下流完 450mL 溶液时产生的泡沫体积，作为被测试样的起泡能力评价指标，用秒表记录

450mL 溶液滴完后 5min 时的泡沫体积，作为评价泡沫稳定性的指标[39]。

3.1.2 泡沫除尘剂润湿性能测定方法

目前，常用的粉尘颗粒湿润性评价方法有液滴法、正向渗透法、接触角测定法、反向渗透法、水膜浮选法、水蒸气吸附法和煤体吸湿法等[40]。

本实验采用的是接触角测定法，将同种煤质的煤粉用压片机压成厚度为 2cm 的煤饼，将泡沫除尘剂滴到煤饼上，用 DSA100 视频光学接触角测量仪，测量溶液滴完后不同时间液滴在煤饼表面的接触角大小，作为衡量泡沫除尘剂润湿性的指标。

3.2 除尘泡沫对泡沫除尘剂性质的要求及其选择原则

3.2.1 除尘泡沫对泡沫除尘剂的要求

（1）种类。发泡剂的种类应该与粉尘颗粒的化学性质、物相组成、显微结构、表面物理化学性质以及水的特性等因数有关。由于岩尘和煤尘都具有疏水的特性，因此发泡剂应该具有使疏水的粉尘颗粒表面更容易湿润以及发泡能力强的性能。

（2）相对分子量与分子结构。普通低相对分子质量的发泡剂，主要起捕收与发泡的性能。发泡剂的分子结构中需要有一定大小的亲水基和疏水基，亲疏水基的种类、几何大小及亲疏水基的比值都将影响发泡剂的发泡性能及其对粉尘表面湿润特性的改变程度[41,42]。作为除尘用的发泡剂，带有支链烷基的离子型发泡剂湿润性能较好；而亲水基在分子链中央者，湿润性能较高。

（3）表面张力。在生成泡沫时，液体表面积增加，体系能量也增加；泡沫破碎时，液体表面积缩小，体系能量降低。从能量的角度考虑，降低液体的表面张力，有利于泡沫的形成。所以，添加发泡剂，一方面是为了降低水的表面张力，促使气液充分混合后能形成稳定的泡沫；另一方面，要使泡沫液能大幅度提高粉尘的湿润性能，必须改变固-气、固-液和液-气三者界面的性质。在水中加入发泡剂，它会吸附到液-气和固-液界面上，改变液体和固-液之间的表面张力，提高对粉尘颗粒的湿润程度[27]。因此，表面张力对除尘泡沫的形成有重要的意义。发泡剂溶液表面张力的大小，也是评价发泡剂性能的一个重要指标。

3.2.2　泡沫除尘剂单体的选择原则

除尘泡沫的发泡倍数、分散度、黏附和湿润能力是决定泡沫抑尘效果的重要因素，单纯在两相泡沫体系中具有极好的起泡和稳泡性能的发泡剂并不一定适合用于除尘泡沫的制备。良好的除尘泡沫发泡剂必须符合以下要求[43]：

（1）在气-液、固-液界面上发生吸附，能显著降低溶液的表面张力；

（2）具有能使粉尘颗粒表面由疏水性变为亲水性的性质；

（3）具有适当的溶解度；

（4）在低用量的情况下，能将气体快速卷吸到水中，促使水和气体混合产生分散均匀、泡沫细腻、数目众多、稳定性强的泡沫；

（5）保证液膜具有较大的黏度和力学弹性强度；

（6）要保证粉尘颗粒和泡沫碰撞时所形成的颗粒-泡沫集合体有相当强的稳定性；

（7）价格低廉，绿色环保，来源广泛。

3.3　泡沫除尘剂实验室研究

为了保证泡沫除尘剂的除尘效果，泡沫除尘剂除了要求发泡能力强以外，还需要有较强的润湿性能。为了研制出效果好的泡沫除尘剂，本实验分别对发泡剂和润湿剂进行了优选和确定。单一发泡剂的发泡能力不能满足泡沫除尘的需要，因此，根据表面活性剂复配有很强的协同效应这一特点，发泡剂的优选和确定工作就需要从众多的表面活性剂中筛选出发泡性能强的单组分表面活性剂，再进行复配。另外，为了保证泡沫除尘剂的润湿性，还需对润湿剂进行确定。所以，对泡沫除尘剂效果好坏的衡量指标，就体现在发泡能力和润湿能力两个方面，本实验就是在此基础上进行的。

3.3.1 实验材料和实验仪器

（1）实验材料。初选了12种发泡剂和3种润湿剂，其活性物含量均在90%以上。实验用水为青岛市自来水。

（2）实验仪器。改进的罗氏泡沫仪，保持发泡环境恒温的水浴锅，温度计（0~100℃，刻度0.1℃），量筒，烧杯，玻璃棒，电子天平，秒表（图3-1）。

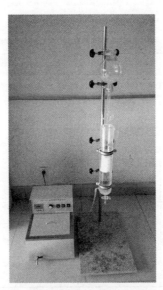

图3-1　改进的罗氏泡沫仪及恒温水浴

3.3.2 发泡剂单体实验及优选

3.3.2.1 实验过程

首先采用改进的罗氏泡沫仪对12种发泡剂的发泡性能进行测试，然后根据实验结果筛选出发泡效果较好的若干种发泡剂，进而将筛选出的发泡剂进行两两复配，再次测试其发泡性能。用改进的罗氏泡沫仪进行发泡能力测定时，恒温水浴始终保持在（30±0.5）℃。待水温恒定以后，将450mL发泡剂溶液从高500mm处从内径为20mm的玻璃管中自由流下，冲击盛放在标有刻度的量筒中的50mL同种试液后产生泡沫，记录450mL溶液滴完后初始时刻0min和5min时的泡沫体积，分别表示泡沫剂的发泡能力和泡沫的稳定性。重复三次，取平均值。

将初选的12种发泡剂编号为1号~12号，并将每种发泡剂按浓度为0.1%~1%（每隔0.1%配置一次）配置成不同浓度的溶液，采用改进的罗氏泡沫仪对其进行测定后得出的数据见表3-1~表3-12和图3-2~图3-4。

表3-1　1号发泡剂单体 Ross-Miles 实验结果

发泡剂编号	浓度/%	0min 泡沫体积/mL	5min 泡沫体积/mL	体积减小百分比/%
1 号	0.1	210	110	47.62
	0.2	240	130	45.83
	0.3	290	170	41.38
	0.4	310	180	41.94
	0.5	350	180	48.57
	0.6	380	160	57.89
	0.7	420	180	57.14
	0.8	410	180	56.1
	0.9	420	170	59.52
	1.0	420	190	54.76

表3-2　2号发泡剂单体 Ross-Miles 实验结果

发泡剂编号	浓度/%	0min 泡沫体积/mL	5min 泡沫体积/mL	体积减小百分比/%
2 号	0.1	440	190	56.82
	0.2	530	280	47.17
	0.3	550	290	47.27
	0.4	560	290	48.21
	0.5	570	310	45.61

续表 3-2

发泡剂编号	浓度/%	0min 泡沫体积/mL	5min 泡沫体积/mL	体积减小百分比/%
2 号	0.6	560	310	44.64
	0.7	580	300	48.28
	0.8	570	280	50.88
	0.9	560	280	50.00
	1.0	570	290	49.12

表 3-3　3 号发泡剂单体 Ross-Miles 实验结果

发泡剂编号	浓度/%	0min 泡沫体积/mL	5min 泡沫体积/mL	体积减小百分比/%
3 号	0.1	420	340	19.05
	0.2	430	340	20.93
	0.3	440	350	20.45
	0.4	440	350	20.45
	0.5	450	340	24.44
	0.6	470	350	25.53
	0.7	500	380	24.00
	0.8	490	370	24.49
	0.9	510	360	29.41
	1.0	500	390	22.00

表 3-4　4 号发泡剂单体 Ross-Miles 实验结果

发泡剂编号	浓度/%	0min 泡沫体积/mL	5min 泡沫体积/mL	体积减小百分比/%
4 号	0.1	350	260	25.71
	0.2	380	300	21.05
	0.3	450	360	20.00
	0.4	460	370	19.57
	0.5	450	340	24.44
	0.6	460	350	23.91
	0.7	460	360	21.74
	0.8	450	360	20.00
	0.9	460	350	23.91
	1.0	460	360	21.74

表 3-5 5 号发泡剂单体 Ross-Miles 实验结果

发泡剂编号	浓度/%	0min 泡沫体积/mL	5min 泡沫体积/mL	体积减小百分比/%
5 号	0.1	400	350	12.50
	0.2	420	380	9.52
	0.3	440	380	13.64
	0.4	480	400	16.67
	0.5	520	410	21.15
	0.6	550	420	23.64
	0.7	570	450	21.05
	0.8	570	450	21.05
	0.9	570	460	19.30
	1.0	570	450	21.05

表 3-6 6 号发泡剂单体 Ross-Miles 实验结果

发泡剂编号	浓度/%	0min 泡沫体积/mL	5min 泡沫体积/mL	体积减小百分比/%
6 号	0.1	140	40	71.43
	0.2	280	50	82.14
	0.3	300	70	76.67
	0.4	290	60	79.31
	0.5	300	60	80.00
	0.6	300	70	76.67
	0.7	290	50	82.76
	0.8	300	60	80.00
	0.9	300	60	80.00
	1.0	290	50	82.76

表 3-7　7 号发泡剂单体 Ross-Miles 实验结果

发泡剂编号	浓度/%	0min 泡沫体积/mL	5min 泡沫体积/mL	体积减小百分比%
7 号	0.1	170	50	70.59
	0.2	300	140	53.33
	0.3	320	150	53.13
	0.4	400	210	47.50
	0.5	420	260	38.10
	0.6	430	270	37.21
	0.7	420	270	35.71
	0.8	410	260	36.59
	0.9	420	270	35.71
	1.0	420	270	35.71

表 3-8　8 号发泡剂单体 Ross-Miles 实验结果

发泡剂编号	浓度/%	0min 泡沫体积/mL	5min 泡沫体积/mL	体积减小百分比/%
8 号	0.1	250	140	44.00
	0.2	280	160	42.86
	0.3	300	180	40.00
	0.4	350	190	45.71
	0.5	360	190	47.22
	0.6	380	200	47.37
	0.7	400	240	40.00
	0.8	400	260	35.00
	0.9	390	260	33.33
	1.0	400	250	37.50

表 3-9　9 号发泡剂单体 Ross-Miles 实验结果

发泡剂编号	浓度/%	0min 泡沫体积/mL	5min 泡沫体积/mL	体积减小百分比/%
9 号	0.1	200	20	90.00
	0.2	220	30	86.36
	0.3	240	30	87.50
	0.4	260	30	88.46
	0.5	270	30	88.89
	0.6	270	20	92.59
	0.7	260	30	88.46
	0.8	270	30	88.89
	0.9	270	20	92.59
	1.0	260	30	88.46

表 3-10　10 号发泡剂单体 Ross-Miles 实验结果

发泡剂编号	浓度/%	0min 泡沫体积/mL	5min 泡沫体积/mL	体积减小百分比/%
10 号	0.1	120	10	91.67
	0.2	250	20	92.00
	0.3	280	30	89.29
	0.4	320	30	90.63
	0.5	330	20	93.94
	0.6	320	30	90.63
	0.7	320	20	93.75
	0.8	330	30	93.94
	0.9	320	30	90.63
	1.0	330	20	93.94

表 3-11 11 号发泡剂单体 Ross-Miles 实验结果

发泡剂编号	浓度/%	0min 泡沫体积/mL	5min 泡沫体积/mL	体积减小百分比/%
11 号	0.1	140	瞬间消失	100.00
	0.2	160		100.00
	0.3	180		100.00
	0.4	230		100.00
	0.5	250		100.00
	0.6	280		100.00
	0.7	280		100.00
	0.8	270		100.00
	0.9	280		100.00
	1.0	280		100.00

表 3-12 12 号发泡剂单体 Ross-Miles 实验结果

发泡剂编号	浓度/%	0min 泡沫体积/mL	5min 泡沫体积/mL	体积减小百分比/%
12 号	0.1	270	160	40.74
	0.2	390	280	28.21
	0.3	400	300	25.00
	0.4	430	310	27.91
	0.5	430	330	23.26
	0.6	440	330	25.00
	0.7	430	340	20.93
	0.8	430	340	20.93
	0.9	430	330	23.26
	1.0	430	330	23.26

图 3-2 3 号发泡剂浓度为 0.7% 时

0min 和 5min 发泡效果图

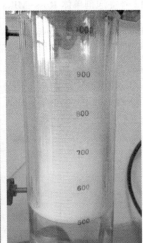

图 3-3 4 号发泡剂浓度为 0.4% 时

0min 和 5min 发泡效果图

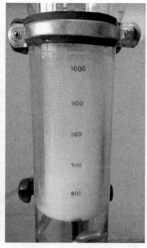

图 3-4 5号发泡剂浓度为 0.7% 时
0min 和 5min 发泡效果图

3.3.2.2 实验结果分析

为了使实验数据更加宏观的表现出来以利于对其进行分析，本节利用 origin 数据分析软件，将每种发泡剂 Ross-Miles 实验的实验结果绘制成了曲线图，进而找出每种发泡剂的最优浓度并对发泡剂进行了优选。实验数据曲线图如图 3-5~图 3-17 所示。

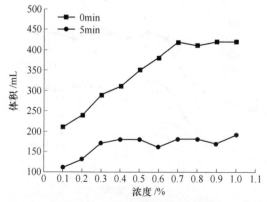

图 3-5 1号发泡剂起泡能力曲线

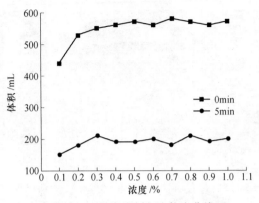

图 3-6 2号发泡剂起泡能力曲线

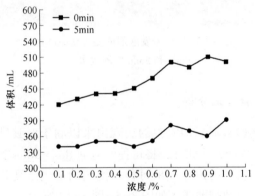

图 3-7 3号发泡剂起泡能力曲线

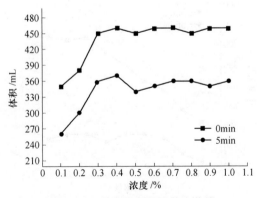

图 3-8 4号发泡剂起泡能力曲线

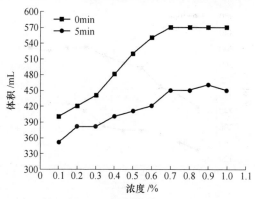

图 3-9 5 号发泡剂起泡能力曲线

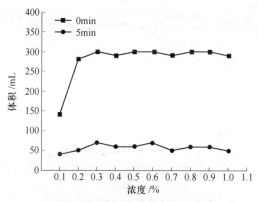

图 3-10 6 号发泡剂起泡能力曲线

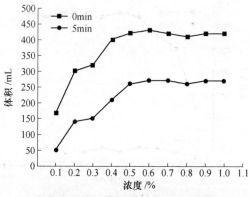

图 3-11 7 号发泡剂起泡能力曲线

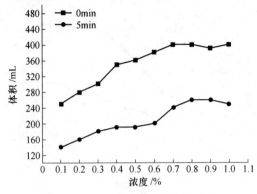

图 3-12 8 号发泡剂起泡能力曲线

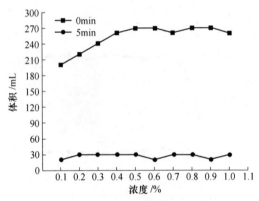

图 3-13 9 号发泡剂起泡能力曲线

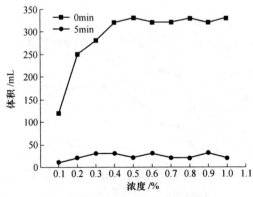

图 3-14 10 号发泡剂起泡能力曲线

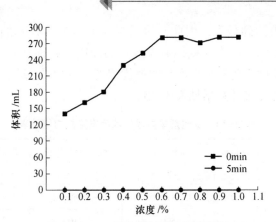

图 3-15 11 号发泡剂起泡能力曲线

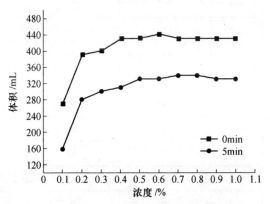

图 3-16 12 号发泡剂起泡能力曲线

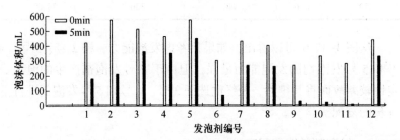

图 3-17 发泡剂单体最优浓度发泡能力统计图

从上述实验结果数据分析图可以看出各种发泡剂随着浓度的不断增大发泡能力不断增强，当达到一定浓度后泡沫体积将不再增加，即发泡能力达到最大，因此，为了减少泡沫除尘技术的经济成本，坚持以最少的经济投入取得最大效益的原则选择能达到最大发泡能力的最小浓度作为各种发泡剂的最优浓度。选取的 12 种发泡剂最优浓度发泡能力统计数据见表 3-13。

表 3-13　发泡剂单体最优浓度发泡能力统计表

发泡剂编号	最优浓度/%	0min 泡沫体积/mL	5min 泡沫体积/mL	体积减小百分比/%
1	0.7	420	180	57.14
2	0.8	570	210	63.16
3	0.9	510	360	29.41
4	0.6	450	370	23.91
5	0.7	570	450	21.05
6	0.3	300	70	76.67
7	0.6	430	270	37.21
8	0.8	400	260	35.00
9	0.5	270	30	88.89
10	0.5	330	20	93.94
11	0.6	280	0	100
12	0.6	440	330	25.00

从图 3-17 中可以看出，如果只考虑发泡能力，则 2 号、3 号、4 号和 5 号发泡剂的发泡能力最强，但由于 2 号发泡剂产生的泡沫稳定性较差故而将其排除，最终优选了 3 号、4 号和 5 号发泡剂进行下一步的复配实验。

3.3.3 发泡剂单体复配实验

不同的表面活性剂溶液混合后体系的表面活性通常会增强，从而导致发泡能力进一步增强，这种现象称为协同效应。因此，为了得到发泡能力更强、稳定性更佳的泡沫除尘剂，本节将对单体实验中优选出的 3 号、4 号和 5 号发泡剂进行两两复配进而选出发泡剂最佳配方。

3.3.3.1 实验过程

将优选出的 3 号、4 号和 5 号发泡剂重新编号为 X、Y、Z，然后分别两两复配，即 X+Y、X+Z、Y+Z。复配时将发泡剂溶液中溶质的质量浓度规定为 1%，进而将两种不同的发泡剂按质量浓度比配置成不同比例的混合溶液，用改进 Ross-Miles 法测定各自的发泡能力和稳定性，确定出每组组合的最优配比进而按照最优配比配置不同浓度的溶液确定出按最优配比配置溶液的最优浓度从而确定出最优的发泡剂配方。

3.3.3.2 实验结果统计及分析

实验结果见表 3-14~表 3-16 和图 3-18~图 3-20。

表 3-14 X+Y 复配随 Y 组分变化时实验结果

X : Y	0min 泡沫体积/mL	5min 泡沫体积/mL	体积减小百分比/%
10 : 0	500	390	22.00
9 : 1	520	400	23.07
8 : 2	550	420	23.64
7 : 3	560	420	25.00
6 : 4	530	410	22.64
5 : 5	530	400	24.53
4 : 6	540	400	25.93
3 : 7	530	370	30.19
2 : 8	500	380	24.00
1 : 9	470	360	23.41
0 : 10	460	360	21.74

表 3-15 X+Z 复配随 Z 组分变化时实验结果

X : Z	0min 泡沫体积/mL	5min 泡沫体积/mL	体积减小百分比/%
10 : 0	490	370	24.49
9 : 1	510	380	25.49
4 : 1	550	400	27.27
7 : 3	530	390	26.42
3 : 2	510	390	23.53
1 : 1	500	400	20.00
2 : 3	500	410	18.00
3 : 7	490	360	26.53
1 : 4	470	360	23.40
1 : 9	470	380	19.15
0 : 10	460	380	17.39

表 3-16 Y+Z 复配随 Z 组分变化时实验结果

Y : Z	0min 泡沫体积/mL	5min 泡沫体积/mL	体积减小百分比/%
10 : 0	570	450	21.05
9 : 1	590	380	35.59
4 : 1	620	400	35.48
7 : 3	630	390	38.10
3 : 2	650	390	40.00
1 : 1	620	400	35.48
2 : 3	580	410	29.31
3 : 7	530	360	32.08
1 : 4	500	360	28.00
1 : 9	470	380	19.15
0 : 10	470	390	17.02

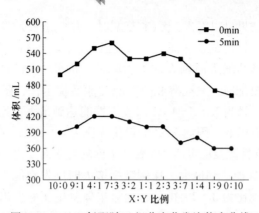

图 3-18 X+Y 复配随 Y 组分变化发泡能力曲线

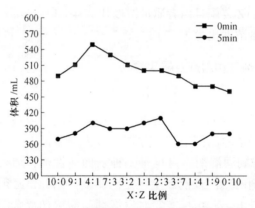

图 3-19 X+Z 复配随 Z 组分变化发泡能力曲线

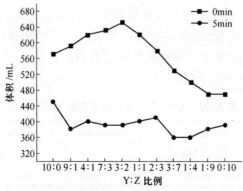

图 3-20 Y+Z 复配随 Z 组分变化发泡能力曲线

从实验结果可以看出，X+Y 复配时，复配溶液的发泡性能及稳定性会随着 Y 浓度的变化而变化，且当 X：Y=7：3 时发泡性能达到最大。比例继续增大时则发泡能力降低，因此 X+Y 的最优配比为7：3；X+Z 复配时，复配溶液的发泡性能及稳定性会随着 Z 浓度的变化而变化，且当 X：Z=4：1 时发泡性能达到最大，比例继续增大时则发泡能力降低，因此 X+Z 的最优配比为 4：1；Y+Z 复配时，复配溶液的发泡性能及稳定性会随着 Z 浓度的变化而变化，且当 Y：Z=3：2 时发泡性能达到最大，比例继续增大时则发泡能力降低，因此Y+Z 的最优配比为 3：2。由此，通过单体复配实验得出三种发泡剂最优配方，即：发泡剂 A（X+Y 复配且两者质量浓度比为 7：3）；发泡剂 B（X+Z 复配且两者质量浓度比为 4：1）；发泡剂 C（Y+Z 复配且两者质量浓度比为 3：2）。

3.3.4　发泡剂与润湿剂复配实验

为了保证泡沫除尘剂效果优良，除了要保证其发泡能力外，还要增强其对粉尘的润湿性，因此，泡沫除尘剂还应包括润湿剂。笔者优选了三种常用的润湿剂，分别编号为润湿剂 D、润湿剂 E 和润湿剂 F。考虑到润湿剂本身也是一种表面活性剂，加入润湿剂后可能会对发泡剂的发泡性能产生一定的影响，因此，必须首先通过复配实验和改进 Ross-Miles 实验对发泡剂与润湿剂混合后最优配比进行实验研究，复配方案为：A+D、A+E、A+F、B+D、B+E、B+F、C+D、C+E、C+F，复配时保证溶质的浓度为 1%。改变发泡剂和润湿剂的配比，利用改进 Ross-Miles 实验测量不同溶液的发泡能力和泡沫稳定性，最终得出发泡剂与润湿剂的最优配比。实验结果见表3-17~表 3-25 和图 3-21~图 3-29。

表 3-17　A+D 复配随 D 组分变化时实验结果

A：D	0min 泡沫体积/mL	5min 泡沫体积/mL	体积减小百分比/%
10：0	570	430	24.56
9：1	580	460	20.69
4：1	590	450	23.73

续表 3-17

A∶D	0min 泡沫体积/mL	5min 泡沫体积/mL	体积减小百分比/%
7∶3	610	460	24.59
3∶2	600	470	21.67
1∶1	580	460	20.69
2∶3	530	420	20.75
3∶7	450	360	20.00
1∶4	390	310	20.51
1∶9	320	180	43.75
0∶10	280	150	46.43

表 3-18　A+E 复配随 E 组分变化时实验结果

A∶E	0min 泡沫体积/mL	5min 泡沫体积/mL	体积减小百分比/%
10∶0	560	430	23.21
9∶1	570	430	24.56
4∶1	590	450	23.73
7∶3	600	480	20.00
3∶2	610	470	22.95
1∶1	590	470	20.34
2∶3	570	460	19.30
3∶7	490	320	34.69
1∶4	350	230	34.29
1∶9	290	150	48.28
0∶10	250	120	52.00

表 3-19　A+F 复配随 F 组分变化时实验结果

A∶F	0min 泡沫体积/mL	5min 泡沫体积/mL	体积减小百分比/%
10∶0	570	420	26.32
9∶1	580	450	22.41
4∶1	590	460	22.03

续表 3-19

A∶F	0min 泡沫体积/mL	5min 泡沫体积/mL	体积减小百分比/%
7∶3	570	460	19.30
3∶2	560	470	16.07
1∶1	530	430	18.87
2∶3	500	380	24.00
3∶7	460	320	30.43
1∶4	390	260	33.33
1∶9	370	220	40.54
0∶10	350	170	51.43

表 3-20 B+D 复配随 D 组分变化时实验结果

B∶D	0min 泡沫体积/mL	5min 泡沫体积/mL	体积减小百分比/%
10∶0	560	410	26.79
9∶1	580	430	25.86
4∶1	590	440	25.42
7∶3	580	450	22.41
3∶2	560	460	17.86
1∶1	530	430	18.87
2∶3	500	400	20.00
3∶7	420	310	26.19
1∶4	360	250	30.56
1∶9	320	200	37.50
0∶10	290	160	44.83

表 3-21 B+E 复配随 E 组分变化时实验结果

B∶E	0min 泡沫体积/mL	5min 泡沫体积/mL	体积减小百分比/%
10∶0	540	400	25.93
9∶1	560	430	23.21
4∶1	600	460	23.33

B∶E	0min 泡沫体积/mL	5min 泡沫体积/mL	体积减小百分比/%
7∶3	590	460	22.03
3∶2	600	470	21.67
1∶1	580	430	25.86
2∶3	490	360	26.53
3∶7	360	250	30.56
1∶4	320	190	40.63
1∶9	270	140	48.15
0∶10	240	100	58.33

表 3-22 B+F 复配随 F 组分变化时实验结果

B∶F	0min 泡沫体积/mL	5min 泡沫体积/mL	体积减小百分比/%
10∶0	560	430	23.21
9∶1	570	430	24.56
4∶1	600	450	25.00
7∶3	620	480	22.58
3∶2	630	480	23.81
1∶1	600	490	18.33
2∶3	560	420	25.00
3∶7	480	350	27.08
1∶4	420	260	38.10
1∶9	380	210	44.74
0∶10	360	190	47.22

表 3-23 C+D 复配随 D 组分变化时实验结果

C∶D	0min 泡沫体积/mL	5min 泡沫体积/mL	体积减小百分比/%
10∶0	660	530	19.70
9∶1	680	560	17.65
4∶1	690	590	14.49
7∶3	710	600	15.49

续表 3-23

C : D	0min 泡沫体积/mL	5min 泡沫体积/mL	体积减小百分比/%
3 : 2	720	620	13. 89
1 : 1	630	520	17. 46
2 : 3	520	410	21. 15
3 : 7	410	320	21. 95
1 : 4	380	270	28. 95
1 : 9	300	190	36. 67
0 : 10	280	160	42. 86

表 3-24　C+E 复配随 E 组分变化时实验结果

C : E	0min 泡沫体积/mL	5min 泡沫体积/mL	体积减小百分比/%
10 : 0	650	530	18. 46
9 : 1	670	540	19. 40
4 : 1	680	540	20. 59
7 : 3	680	530	22. 06
3 : 2	670	520	22. 39
1 : 1	660	530	19. 70
2 : 3	620	460	25. 81
3 : 7	510	340	33. 33
1 : 4	430	270	37. 21
1 : 9	320	190	40. 63
0 : 10	240	130	45. 83

表 3-25　C+F 复配随 F 组分变化时实验结果

C : F	0min 泡沫体积/mL	5min 泡沫体积/mL	体积减小百分比/%
10 : 0	640	500	21. 88
9 : 1	660	520	21. 21
4 : 1	670	510	23. 88
7 : 3	680	530	22. 06
3 : 2	700	530	24. 29

续表 3-25

C:F	0min 泡沫体积/mL	5min 泡沫体积/mL	体积减小百分比/%
1:1	700	560	20.00
2:3	620	470	24.19
3:7	530	380	28.30
1:4	450	300	33.33
1:9	380	240	36.84
0:10	350	200	42.86

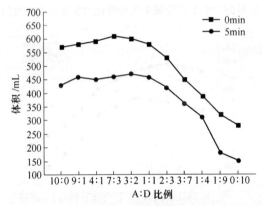

图 3-21 A+D 复配随 D 组分变化时发泡能力曲线图

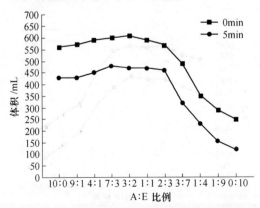

图 3-22 A+E 复配随 E 组分变化时发泡能力曲线图

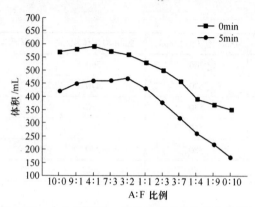

图 3-23 A+F 复配随 F 组分变化时发泡能力曲线图

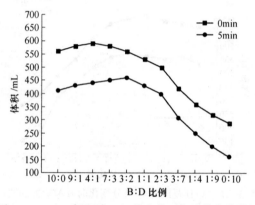

图 3-24 B+D 复配随 D 组分变化时发泡能力曲线图

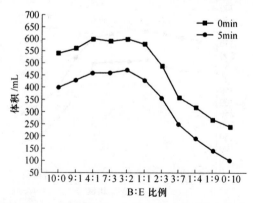

图 3-25 B+E 复配随 E 组分变化时发泡能力曲线图

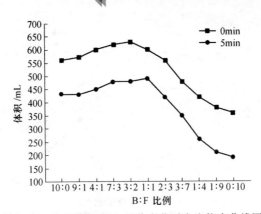

图 3-26 B+F 复配随 F 组分变化时发泡能力曲线图

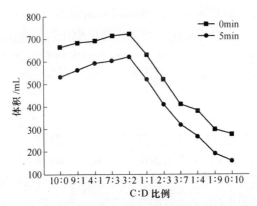

图 3-27 C+D 复配随 D 组分变化时发泡能力曲线图

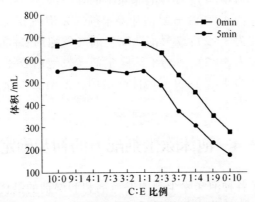

图 3-28 C+E 复配随 E 组分变化时发泡能力曲线图

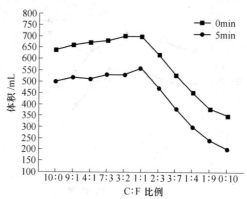

图 3-29　C+F 复配随 F 组分变化时发泡能力曲线图

　　通过上述实验结果可知：发泡剂与润湿剂混合后，发泡能力会有所增强且有一个最优配比，当达到最优配比后发泡能力达到最强，而随着润湿剂比例的不断增大发泡能力越来越弱。这也说明了润湿剂虽然润湿性能强，但发泡能力远远不足，因此，泡沫除尘剂配方需要由发泡剂和润湿剂组成，充分结合发泡剂的发泡能力和润湿剂的润湿性能，方能取得最佳除尘效果。通过对实验结果分析得出九种泡沫除尘剂配方，即：1 号泡沫除尘剂（发泡剂 A+润湿剂 D 且两者质量浓度比为 7∶3）；2 号泡沫除尘剂（发泡剂 A+润湿剂 E 且两者质量浓度比为 3∶2）；3 号泡沫除尘剂（发泡剂 A+润湿剂 F 且两者质量浓度比为 4∶1）；4 号泡沫除尘剂（发泡剂 B+润湿剂 D 且两者质量浓度比为 4∶1）；5 号泡沫除尘剂（发泡剂 B+润湿剂 E 且两者质量浓度比为 4∶1）；6 号泡沫除尘剂（发泡剂 B+润湿剂 F 且两者质量浓度比为 3∶2）；7 号泡沫除尘剂（发泡剂 C+润湿剂 D 且两者质量浓度比为 3∶2）；8 号泡沫除尘剂（发泡剂 C+润湿剂 E 且两者质量浓度比为 4∶1）；9 号泡沫除尘剂（发泡剂 C+润湿剂 F 且两者质量浓度比为 3∶2）。

3.4　泡沫除尘剂配方的初步确定

　　在得出了各种泡沫除尘剂中发泡剂和润湿剂的最优配比后，还需要确定每种泡沫除尘剂的最适浓度，即泡沫除尘剂作为溶质在多大浓度时效果最佳。本节将对每种泡沫除尘剂的最优浓度进行确定，进而得到若干种泡沫除尘剂配方。

（1）实验方法。将九种泡沫除尘剂分别配制成 0.1%～2% 不同浓度的泡沫除尘液，采用改进 Ross-Miles 法测量每种泡沫除尘剂在不同浓度时的发泡能力和稳定性，最终确定出每种泡沫除尘剂的最适浓度。

（2）实验结果见表 3-26～表 3-34 和图 3-30～图 3-40。

表 3-26　1 号泡沫除尘剂实验结果

浓度/%	0min 泡沫体积/mL	5min 泡沫体积/mL	体积减小百分比/%
0.1	610	440	27.87
0.3	620	460	24.59
0.5	630	470	25.40
0.7	670	490	26.87
0.9	700	480	31.43
1.1	720	520	27.78
1.3	760	550	27.63
1.5	760	530	30.26
1.7	750	530	29.33
1.9	750	540	28.00
2.0	760	520	31.58

表 3-27　2 号泡沫除尘剂实验结果

浓度/%	0min 泡沫体积/mL	5min 泡沫体积/mL	体积减小百分比/%
0.1	610	470	22.95
0.3	620	480	20.00
0.5	630	480	23.81
0.7	670	500	25.37
0.9	700	520	25.71
1.1	720	510	29.17
1.3	750	550	26.67
1.5	770	580	24.68
1.7	780	610	21.79
1.9	780	600	23.08
2.0	770	620	19.48

表 3-28   3 号泡沫除尘剂实验结果

浓度/%	0min 泡沫体积/mL	5min 泡沫体积/mL	体积减小百分比/%
0.1	590	460	22.03
0.3	580	470	18.97
0.5	610	490	19.67
0.7	670	530	20.90
0.9	700	560	20.00
1.1	700	570	18.57
1.3	710	560	21.13
1.5	700	580	17.14
1.7	690	570	17.39
1.9	700	560	20.00
2.0	720	570	20.83

表 3-29   4 号泡沫除尘剂实验结果

浓度/%	0min 泡沫体积/mL	5min 泡沫体积/mL	体积减小百分比/%
0.1	590	440	25.42
0.3	620	490	18.33
0.5	630	510	19.05
0.7	670	520	22.39
0.9	700	570	18.57
1.1	750	590	21.33
1.3	780	590	24.36
1.5	800	560	25.00
1.7	800	590	26.25
1.9	790	600	24.05
2.0	800	620	22.50

表 3-30   5 号泡沫除尘剂实验结果

浓度/%	0min 泡沫体积/mL	5min 泡沫体积/mL	体积减小百分比/%
0.1	560	430	23.21
0.3	590	460	22.03
0.5	620	470	24.19
0.7	670	500	25.37

浓度/%	0min 泡沫体积/mL	5min 泡沫体积/mL	体积减小百分比/%
0.9	710	520	26.76
1.1	730	570	21.92
1.3	760	580	23.68
1.5	760	590	22.37
1.7	750	590	21.33
1.9	760	600	21.05
2.0	750	580	22.67

表 3-31　6 号泡沫除尘剂实验结果

浓度/%	0min 泡沫体积/mL	5min 泡沫体积/mL	体积减小百分比/%
0.1	600	480	22.58
0.3	620	490	20.97
0.5	640	470	26.56
0.7	670	500	25.37
0.9	700	520	25.71
1.1	720	570	20.83
1.3	750	580	22.67
1.5	770	590	23.38
1.7	750	590	21.33
1.9	760	600	21.05
2.0	770	580	24.6%

表 3-32　7 号泡沫除尘剂实验结果

浓度/%	0min 泡沫体积/mL	5min 泡沫体积/mL	体积减小百分比/%
0.1	690	590	14.49
0.3	710	550	22.54
0.5	730	560	23.29
0.7	760	590	22.37
0.9	780	620	20.51
1.1	810	640	20.99
1.3	830	650	21.69
1.5	830	660	20.48

续表3-32

浓度/%	0min 泡沫体积/mL	5min 泡沫体积/mL	体积减小百分比/%
1.7	820	660	19.51
1.9	830	650	21.69
2.0	830	660	20.48

表3-33 8号泡沫除尘剂实验结果

浓度/%	0min 泡沫体积/mL	5min 泡沫体积/mL	体积减小百分比/%
0.1	670	540	19.40
0.3	680	540	20.59
0.5	700	550	21.43
0.7	730	570	21.92
0.9	750	600	20.00
1.1	780	610	21.79
1.3	770	600	22.08
1.5	780	620	20.51
1.7	770	610	20.78
1.9	780	620	20.51
2.0	780	620	20.51

表3-34 9号泡沫除尘剂实验结果

浓度/%	0min 泡沫体积/mL	5min 泡沫体积/mL	体积减小百分比/%
0.1	680	530	22.06
0.3	700	540	22.86
0.5	720	550	23.61
0.7	760	580	23.68
0.9	780	570	26.92
1.1	800	590	26.25
1.3	810	580	28.40
1.5	820	600	26.83

续表 3-34

浓度/%	0min 泡沫体积/mL	5min 泡沫体积/mL	体积减小百分比/%
1.7	820	590	28.05
1.9	810	600	25.93
2.0	820	620	24.39

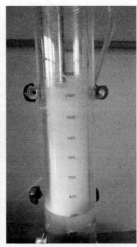

图 3-30　3 号泡沫除尘剂浓度为 0.9%时 0min 和 5min 实验结果图

图 3-31　4 号泡沫除尘剂浓度为 1.5%时 0min 和 5min 实验结果图

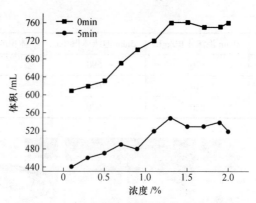

图 3-32 1号泡沫除尘剂发泡能力测试结果

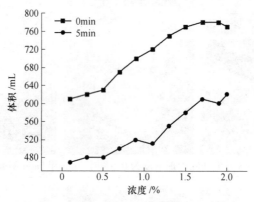

图 3-33 2号泡沫除尘剂发泡能力测试结果

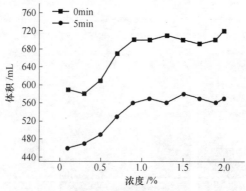

图 3-34 3号泡沫除尘剂发泡能力测试结果

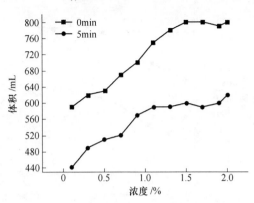

图 3-35　4 号泡沫除尘剂发泡能力测试结果

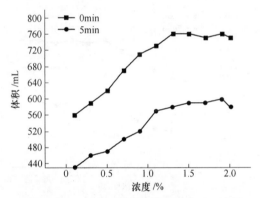

图 3-36　5 号泡沫除尘剂发泡能力测试结果

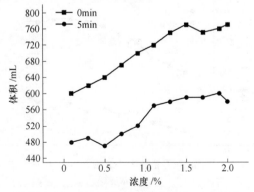

图 3-37　6 号泡沫除尘剂发泡能力测试结果

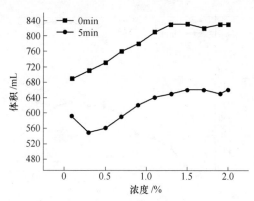

图 3-38 7号泡沫除尘剂发泡能力测试结果

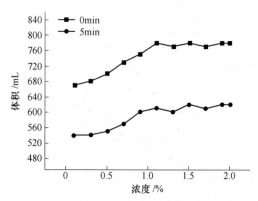

图 3-39 8号泡沫除尘剂发泡能力测试结果

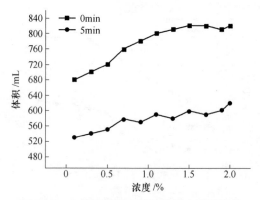

图 3-40 9号泡沫除尘剂发泡能力测试结果

从上述实验结果可以看出：九种泡沫除尘剂随着浓度的不断增大而发泡能力逐渐增强，当增大到某一浓度后，发泡能力将基本保持不变，即达到最大值。综合考虑泡沫除尘剂的发泡能力和泡沫除尘的成本两方面因素，将能达到最大发泡能力的最小浓度定为泡沫除尘剂的最优浓度。因此，通过对上述实验结果进行分析可知：1号泡沫除尘剂的最优浓度为1.3%，2号泡沫除尘剂的最优浓度为1.7%，3号泡沫除尘剂的最优浓度为1.3%，4号泡沫除尘剂的最优浓度为1.5%，5号泡沫除尘剂的最优浓度为1.3%，6号泡沫除尘剂的最优浓度为1.5%，7号泡沫除尘剂的最优浓度为1.3%，8号泡沫除尘剂的最优浓度为1.7%，9号泡沫除尘剂的最优浓度为1.5%。

依据下列计算方法（以1号泡沫除尘剂为例）：

由1号泡沫除尘剂的最优浓度1.3%以及发泡剂A和润湿剂D的最佳比例为7∶3可以算出1号泡沫除尘剂中发泡剂A的浓度为0.91%，润湿剂D的浓度为0.39%，根据3.3.4中得出的发泡剂A由发泡剂X与发泡剂Y组成且两者质量浓度比为7∶3可知发泡剂X的质量浓度为0.637%，发泡剂Y的质量浓度为0.273%，因此1号泡沫除尘剂配方为：发泡剂X+发泡剂Y+润湿剂D且三者的质量浓度分别为0.673%，0.273%，0.39%。

以此方法进行计算得出其余八种泡沫除尘剂的配方为：2号泡沫除尘剂（发泡剂X+发泡剂Y+润湿剂E且三者的质量浓度分别为0.714%，0.306%，0.68%）；3号泡沫除尘剂（发泡剂X+发泡剂Y+润湿剂F且三者的质量浓度分别为0.728%，0.312%，0.26%）；4号泡沫除尘剂（发泡剂X+发泡剂Z+润湿剂D且三者的质量浓度分别为0.96%，0.24%，0.3%）；5号泡沫除尘剂（发泡剂X+发泡剂Z+润湿剂E且三者的质量浓度分别为0.832%，0.208%，0.26%）；6号泡沫除尘剂（发泡剂X+发泡剂Z+润湿剂F且三者的质量浓度分别为0.72%，0.18%，0.6%）；7号泡沫除尘剂（发泡剂Y+发泡剂Z+润湿剂D且三者的质量浓度分别为0.468%，0.312%，0.52%）；8号泡沫除尘剂（发泡剂Y+发泡剂Z+润湿剂E且三者的质量浓度分别为0.816%，0.544%，0.34%）；9号泡沫除尘剂（发泡剂Y+发泡剂Z+润湿剂F且三者的质量浓度分别为0.54%，0.36%，0.6%）。

3.5　本章小结

（1）采用改进 Ross-Miles 法对选择的发泡剂单体发泡能力及泡沫稳定性进行测定最终优选了 3 号、4 号和 5 号三种发泡剂作为泡沫除尘剂中的发泡剂单体。

（2）通过 3 号、4 号和 5 号三种发泡剂单体复配实验得出泡沫除尘剂中发泡剂的最优配比，即：发泡剂 A（X+Y 复配且两者质量浓度比为 7 : 3）；发泡剂 B（X+Z 复配且两者质量浓度比为 4 : 1）发泡剂 C（Y+Z 复配且两者质量浓度比为 3 : 2）。

（3）通过发泡剂与润湿剂复配实验初步得出九种泡沫除尘剂的最优配方，即：

1）发泡剂 X+发泡剂 Y+润湿剂 D 且三者的最优质量浓度分别为 0.673%、0.273%、0.39%，在该质量浓度时 0min 泡沫体积为 760mL，5min 泡沫体积为 550mL；

2）发泡剂 X+发泡剂 Y+润湿剂 E 且三者的最优质量浓度分别为 0.714%、0.306%、0.68%，在该质量浓度时 0min 泡沫体积为 780mL，5min 泡沫体积为 610mL；

3）发泡剂 X+发泡剂 Y+润湿剂 F 且三者的最优质量浓度分别为 0.728%、0.312%、0.26%，在该质量浓度时 0min 泡沫体积为 710mL，5min 泡沫体积为 560mL；

4）发泡剂 X+发泡剂 Z+润湿剂 D 且三者的最优质量浓度分别为 0.96%、0.24%、0.3%，在该质量浓度时 0min 泡沫体积为 800mL，5min 泡沫体积为 600mL；

5）发泡剂 X+发泡剂 Z+润湿剂 E 且三者的最优质量浓度分别为 0.832%、0.208%、0.26%，在该质量浓度时 0min 泡沫体积为 760mL，5min 泡沫体积为 580mL；

6）发泡剂 X+发泡剂 Z+润湿剂 F 且三者的最优质量浓度分别为 0.72%、0.18%、0.6%，在该质量浓度时 0min 泡沫体积为 750mL，5min 泡沫体积为 590mL；

7）发泡剂 Y+发泡剂 Z+润湿剂 D 且三者的最优质量浓度分别为

0.468%，0.312%，0.52%，在该质量浓度时 0min 泡沫体积为 830mL，5min 泡沫体积为 650mL；

8）发泡剂 Y+发泡剂 Z+润湿剂 E 且三者的最优质量浓度分别为 0.816%，0.544%，0.34%，在该质量浓度时 0min 泡沫体积为 780mL，5min 泡沫体积为 610mL；

9）发泡剂 Y+发泡剂 Z+润湿剂 F 且三者的最优质量浓度分别为 0.54%，0.36%，0.6%，在该质量浓度时 0min 泡沫体积为 820mL，5min 泡沫体积为 600mL。

4

泡沫除尘剂润湿性测定及配方优选

泡沫除尘剂对煤尘的润湿性好坏直接影响到其除尘效果的好坏，因此，本章将采用 DSA100 动态接触角测量仪分别测定初选的九种泡沫除尘剂对无烟煤、褐煤以及焦煤煤尘的接触角，以此考察其对煤尘的润湿性，根据实验结果筛选出润湿性好的泡沫除尘剂。

4.1　煤尘的润湿性

4.1.1　润湿类型

4.1.1.1　沾湿

如果液相（L）和固相（S）按图 4-1 所示的方式接合，则称此过程为沾湿。该过程的实质是：一个固-液界面代替一个固-气和一个液-气界面[44]。若设固-液接触面为单位面积，在恒温恒压下，此过程引起体系自由能的变化是：

$$\Delta G = \gamma_{sl} - \gamma_{sg} - \gamma_{lg} \tag{4-1}$$

式中，γ_{sl}、γ_{sg}、γ_{lg}分别为单位面积固-液、固-气、液-气的界面自由能。

沾湿的实质是液体在固体表面上的黏附，因此在讨论沾湿时，常用黏附功这一概念[45]。它的定义与液—液界面黏附功的定义完全

图 4-1 沾湿过程

相同，可用下式表示：

$$W_a = \gamma_{sg} + \gamma_{lg} - \gamma_{sl} = -\Delta G \qquad (4-2)$$

式中，W_a 为黏附功。

从式 4-2 可以看出，γ_{sl} 越小、则 W_a 越大，液体越易沾湿固体。若 $W_a = 0$，则 $(\Delta G)_{Tp} = 0$，沾湿过程可自发进行。固—液界面张力总是小于它们各自的表面张力之和，这说明固-液接触时，其黏附功总是大于零[46,47]。因此，不管对什么液体和固体沾湿过程总是可自发进行的。

4.1.1.2 浸湿

将固体小方块（S）按图 4-2 所示方式浸入液体（L）中，如果固体表面气体均为液体所置换，则称此过程为浸湿[48~51]。在浸湿过程中，体系消失了固-气界面产生了固-液界面。若固体小方块的总面积为单位面积，则在恒温恒压下，此过程所引起的体系自由能的变化为：

$$\Delta G = \gamma_{sl} - \gamma_{sg} \qquad (4-3)$$

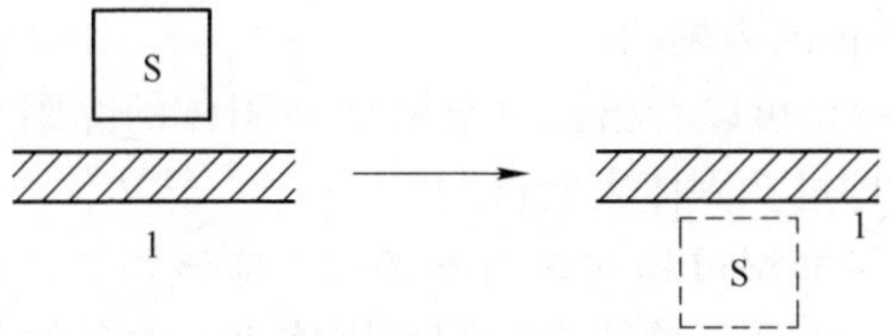

图 4-2 浸湿过程

如果用浸润功来表示这一过程自由能的变化，则是

$$W_i = -\Delta G = \gamma_{sg} - \gamma_{sl} \qquad (4-4)$$

式中，W_i 是浸润功，若 $W_i = 0$，则 $\Delta G = 0$，过程可自发进行。

浸湿过程与沾湿过程不同，不是所有液体和固体均可自发地发生浸湿，而只有固体的表面自由能比固-液的界面自由能大时，浸湿过程才能自发进行[52]。

4.1.1.3 铺展

置一液体于一固体表面（见图4-3）。恒温恒压下，若此液滴在固体表面上自动展开形成液膜，则称此过程为铺展润湿。在此过程中，失去了固-气界面，形成了固-液界面和液-气界面[34]。液体在固体表面上展开了单位面积，则体系自由能的变化为

$$\Delta G = \gamma_{sl} + \gamma_{lg} - \gamma_{sg} \qquad (4-5)$$

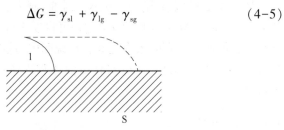

图4-3 铺展过程

对于铺展润湿，常用铺展系数来表示体系自由能的变化：

$$S_{ls} = -\Delta G = \gamma_{sg} - \gamma_{sl} - \gamma_{lg} \qquad (4-6)$$

式中，S_{ls}为液体在固体表面上的铺展系数，简写为S。若$S=0$，则$\Delta G=0$，液体可在固体表面自动展开。和一液体在另一液体表面上展开的情况相同，铺展系数也可用下式表示：

$$S = \gamma_{sg} + \gamma_{lg} - \gamma_{sl} - 2\gamma_{lg} = W_a - W_c \qquad (4-7)$$

式中，W_c为液体的内聚功。

从式（4-7）可以看出，只要液体对固体的黏附功大于液体的内聚功，液体即可在固体表面自发展开。

以上是三种润湿过程的热力学条件，应该强调的是，这些条件均是指在无外力作用下液体自动润湿固体表面的条件[53~58]。有了这些热力学条件，即可从理论上判断一个润湿过程是否能够自发进行。但实际上却远非那么容易，上面所讨论的判断条件，均需固体的表面自由能和固-液界面自由能，而这些参数目前尚无合适的测定方法，因而定量地运用上面的判断条件是有困难的。尽管如此，这些

判断条件仍为我们解决润湿问题提供了正确的思路。

4.1.2 接触角和杨氏方程

前面讨论了润湿的热力学条件，同时也指出了目前尚不可能利用这些条件去定量地判断一种液体是否能润湿某一固体。但我们可以通过接触角的测定来解决问题。通过杨氏方程将接触角与润湿热力学条件结合即可导出用接触角来判断润湿的条件。为此，首先介绍接触角和杨氏方程[58~61]。将液滴（1）放在一理想平面（s）上，如果有一相是气体，则接触角是气-液界面通过液体而与固-液界面所夹的角。1805 年，杨指出接触角的问题可当做平面固体上液滴受三个界面张力的作用来处理，当三个作用力达到平衡时，应有下面关系：

$$\gamma_{sg} = \gamma_{sl} + \gamma_{lg}cos\theta \tag{4-8}$$

这就是著名的杨氏方程。式中，γ_{sg} 和 γ_{lg} 是与液体的饱和蒸气达成平衡时的固体和液体的表面张力（或表面自由能），如图 4-4 所示，设 π_e 是由于吸附了液体饱和蒸气而引起的固体表面自由能的下降[37]，即：

$$\pi_e = \gamma_s^0 - \gamma_{sg} \tag{4-9}$$

式中，γ_s^0 为固体在真空中的表面自由能。

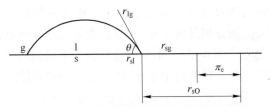

图 4-4　液滴在固体表面上的接触角示意图

应当指出，杨氏方程的应用条件是理想表面，即指固体表面是组成均匀、平滑、不变形（在液体表面张力的垂直分量的作用下）和各向同性的，只有在这样的表面上，液体才有固定的平衡接触角，杨氏方程才可应用。严格地说这种理想表面是不存在的，但只要精心制备，可以使一个固体表面接近理想表面[62]。接触角是实验上可测定的一个量。有了接触角的数值把式（4-8）代入式（4-2）、式（4-4）和式（4-5）中，即可得下列润湿过程的判断条件。

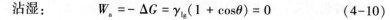

　　沾湿：　　　　$W_a = - \Delta G = \gamma_{lg}(1 + \cos\theta) = 0$　　　　(4-10)

即　　　　　　　　$\theta = 180°, \quad W_a = 0$

　　浸湿：　　　　$W_i = - \Delta G = \gamma_{lg}\cos\theta = 0$　　　　(4-11)

即　　　　　　　　$\theta = 90°, \quad W_i = 0$

　　铺展：　　　　$S = - \Delta G = \gamma_{lg}(\cos\theta - 1)$　　　　(4-12)

即　　　　　　　　$\theta = 0°$

　　此时由于不存在平衡接触角，θ 已不存在，只能用能量作判据。

　　根据上面三式，通过液体在固体表面上的接触角即可判断一种液体对一种固体的润湿性能。习惯上，一般将 $\theta = 0°$ 称为完全湿润，也称铺展润湿，$\theta = 180°$ 称为完全不湿润，$0° < \theta < 90°$ 称为可湿润，也称浸湿润湿，$90° < \theta < 180°$ 称为不湿润，也称沾湿润湿[63]。

　　从上面的讨论可以看出，对同一种液体和固体，在不同的润湿过程中，其润湿条件是不同的。在解决实际的润湿问题时，应首先分清它是哪一类型，然后再对其进行正确的判断。

4.2　泡沫除尘剂润湿性实验

　　通过单体初选及复配实验优选出了 9 种发泡倍数最高、稳定性最强的泡沫除尘剂并编号为 1 号~9 号，为了对这 9 种泡沫除尘剂的润湿性进行测定（图 4-5）。本章测定分析了不同泡沫除尘剂在不同煤质表面的接触角，最终得出了 9 种泡沫除尘剂润湿性关系。

图 4-5　DSA100 动态接触角测量仪

4.2.1 无烟煤粉尘润湿性测定

利用 DSA100 动态接触角测量仪分别对 9 种泡沫除尘剂与无烟煤煤尘的润湿性进行测定分析，并与矿井降尘用水对其润湿性进行比较。

（1）1 号泡沫除尘剂润湿性测定结果（图 4-6）

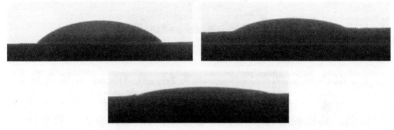

图 4-6 1 号泡沫降尘剂在 1s，5s，10s 时对煤尘的润湿性测定结果

从实验结果可以看出，在 10s 所测得的接触角分别为 2.37°，2.62°，2.35°，平均值为 2.45°，根据不同润湿类型的判断依据可以看出，1 号泡沫除尘剂对煤尘的润湿过程为浸湿润湿过程。

（2）2 号泡沫除尘剂润湿性测定结果（图 4-7）

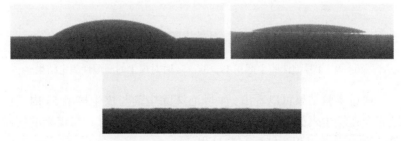

图 4-7 2 号泡沫降尘剂在 1s，2s，3s 时对煤尘的润湿性测定结果

从 2 号泡沫除尘剂与煤尘接触的 3s 内，可以看出泡沫除尘剂完全在煤尘表面铺展并迅速地润湿煤尘，在 3s 时接触角近似为 0°，此过程为铺展润湿过程。

（3）3 号泡沫除尘剂润湿性测定结果（图 4-8）

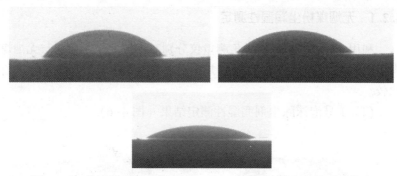

图 4-8　3 号泡沫降尘剂在 1s，5s，10s 时对煤尘的润湿性测定结果

3 号泡沫除尘剂共做了三次实验，在 10s 时接触角分别为 26.13°，25.36°，26.24°，平均值为 25.91°，根据不同润湿类型的判断依据，其接触角为 25.91°（小于 90°），可以看出 1 号泡沫除尘剂对煤尘的润湿过程为浸湿、润湿过程。

（4）4 号泡沫除尘剂润湿性测定结果（图 4-9）

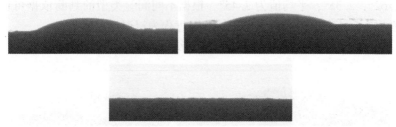

图 4-9　4 号泡沫除尘剂在 1s，3s，5s 时对煤尘的润湿性测定结果

通过实验结果可以看出，4 号泡沫除尘剂与煤尘接触 5s 内就已经完全在煤尘表面铺展并迅速地润湿煤尘，在 5s 时其与煤尘的接触角已为 0°，此过程为铺展润湿过程。

（5）5 号泡沫除尘剂润湿性测定结果（图 4-10）

5 号泡沫除尘剂对煤尘润湿性实验进行了三次，在 10s 所测得的接触角分别为 15.43°，16.28°，16.07°，平均值为 15.93°，根据不同润湿类型的判断依据可以看出 5 号泡沫除尘剂对煤尘的润湿过程为浸湿润湿过程且 10s 时平均润湿角小于 3 号泡沫除尘剂的润湿角，

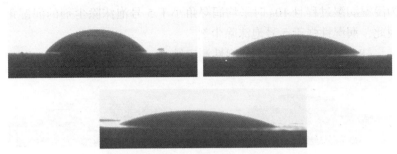

图 4-10　5 号泡沫除尘剂在 1s，5s，10s 时对煤尘的润湿性测定结果

因此，润湿性强于 3 号泡沫除尘剂。

（6）6 号泡沫除尘剂润湿性测定结果（图 4-11）

图 4-11　6 号泡沫除尘剂在 1s，2s 时对煤尘的润湿性测定结果

6 号泡沫除尘剂在滴到煤饼表面后迅速渗透到煤饼内，润湿效果好，2s 时测得的接触角为 0°，完全润湿，此过程为铺展润湿过程。

（7）7 号泡沫除尘剂润湿性测定结果（图 4-12）

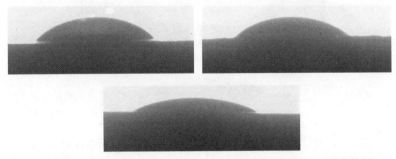

图 4-12　7 号泡沫除尘剂在 1s，5s，10s 时对煤尘的润湿性测定结果

7 号泡沫除尘剂对煤尘润湿性实验进行了三次，在 10s 所测得的接触角分别为 14.26°，14.98°，15.56°，平均值为 14.93°，根据不同润湿类型的判断依据可以看出 7 号泡沫除尘剂对煤尘的润湿过程

为浸湿润湿过程且 10s 时平均润湿角小于 5 号泡沫除尘剂的润湿角，因此，润湿性强于 5 号泡沫除尘剂。

（8）8 号泡沫除尘剂润湿性测定结果（图 4-13）

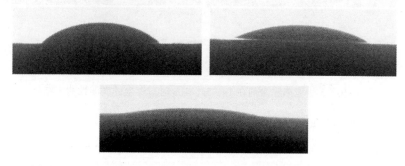

图 4-13　8 号泡沫除尘剂在 1s，5s，10s 时对煤尘的润湿性测定结果

8 号泡沫除尘剂对煤尘润湿性实验进行了三次，在 10s 所测得的接触角分别为 1.59°，2.12°，1.86°，平均值为 1.86°，根据不同润湿类型的判断依据可以看出 8 号泡沫除尘剂对煤尘的润湿过程为浸湿润湿过程。

（9）9 号泡沫除尘剂润湿性测定结果（图 4-14）

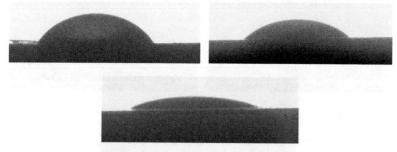

图 4-14　9 号泡沫除尘剂在 1s，5s，10s 时对煤尘的润湿性测定结果

9 号泡沫除尘剂对煤尘润湿性实验进行了三次，在 10s 所测得的接触角分别为 9.65°，10.06°，9.98°，平均值为 9.91°，根据不同润湿类型的判断依据可以看出 9 号泡沫除尘剂对煤尘的润湿过程为浸湿润湿过程且 10s 时平均润湿角小于 7 号泡沫除尘剂的润湿角，因

此，润湿性强于 7 号泡沫除尘剂。

（10）矿井防尘用水润湿性测定结果（图 4-15）

图 4-15　矿井防尘用水在 1s，5s，10s 时对煤尘的润湿性测定结果

通过实验结果可以看出矿井防尘用水润湿性较差，实验共进行了三次，三次试验在 10s 时润湿角分别为 62.32°，64.58°，63.26°（表 4-1），平均值为 63.39°，根据不同润湿类型的判断依据可以看出矿井防尘用水对煤尘的润湿过程为浸湿润湿过程。

表 4-1　无烟煤煤尘接触角实验测定结果

泡沫除尘剂编号	接触角大小（10s）/(°)	润湿方式	备注
1	2.45	浸湿润湿	
2	0	铺展润湿	3s 完全渗入煤饼
3	25.91	浸湿润湿	
4	0	铺展润湿	5s 完全渗入煤饼
5	15.93	浸湿润湿	
6	0	铺展润湿	2s 完全渗入煤饼
7	14.93	浸湿润湿	
8	1.86	浸湿润湿	
9	9.91	浸湿润湿	
矿井防尘用水	63.39	浸湿润湿	

通过实验结果可以看出：在泡沫除尘剂滴到煤饼表面 10s 后只

有 2 号、4 号和 6 号泡沫除尘剂可以完全润湿进入煤饼，因此这三种泡沫除尘剂润湿效果最好，根据完全润湿时间的不同可以看出润湿性大小依次为：6 号泡沫除尘剂>2 号泡沫除尘剂>4 号泡沫除尘剂，另外六种泡沫除尘剂根据 10s 时接触角大小不同得出润湿性大小依次为：8 号泡沫除尘剂>1 号泡沫除尘剂>9 号泡沫除尘剂>7 号泡沫除尘剂>5 号泡沫除尘剂>3 号泡沫除尘剂。

4.2.2 褐煤粉尘润湿性测定

利用 DSA100 动态接触角测量仪分别对 9 种泡沫除尘剂与褐煤煤尘的润湿性进行测定分析，并与矿井降尘用水对其润湿性进行比较。

（1）1 号泡沫除尘剂润湿性测定结果（图 4-16）

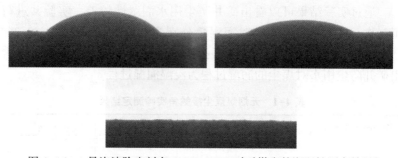

图 4-16 1 号泡沫除尘剂在 1s，5s，10s 时对煤尘的润湿性测定结果

从 1 号泡沫除尘剂与煤尘接触的 10s 内，可以看出泡沫除尘剂完全在煤尘表面铺展并迅速地润湿煤尘，在 10s 时接触角为 0°，此过程为铺展润湿过程。

（2）2 号泡沫除尘剂润湿性测定结果（图 4-17）

图 4-17 2 号泡沫除尘剂在 1s，2s 时对煤尘的润湿性测定结果

2 号泡沫除尘剂在滴到煤饼表面后迅速渗透到煤饼内，润湿效果

好，2s 时测得的接触角为 0°，完全润湿，此过程为铺展润湿过程。

（3）3 号泡沫除尘剂润湿性测定结果（图 4-18）

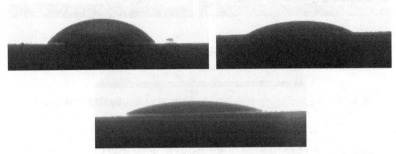

图 4-18　3 号泡沫除尘剂在 1s，5s，10s 时对煤尘的润湿性测定结果

3 号泡沫除尘剂对煤尘润湿性实验进行了三次，在 10s 所测得的接触角分别为 16.73°，15.98°，15.65°，平均值为 16.12°，根据不同润湿类型的判断依据可以看出 3 号泡沫除尘剂对煤尘的润湿过程为浸湿润湿过程。

（4）4 号泡沫除尘剂润湿性测定结果（图 4-19）

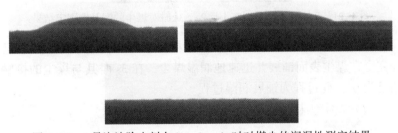

图 4-19　4 号泡沫除尘剂在 2s，4s，6s 时对煤尘的润湿性测定结果

通过实验结果可以看出，4 号泡沫除尘剂与煤尘接触 6s 内就已经完全在煤尘表面铺展并迅速地润湿煤尘，在 6s 时其与煤尘的接触角已为 0°，此过程为铺展润湿过程。

（5）5 号泡沫除尘剂润湿性测定结果（图 4-20）

5 号泡沫除尘剂对煤尘润湿性实验进行了三次，在 10s 所测得的接触角分别为 3.56°，3.47°，4.02°，平均值为 3.68°，根据不同润湿类型的判断依据可以看出 5 号泡沫除尘剂对煤尘的润湿过程为浸

图 4-20 5号泡沫除尘剂在 1s，5s，10s 时对煤尘的润湿性测定结果

湿润湿过程且润湿效果强于 3 号泡沫除尘剂。

（6）6 号泡沫除尘剂润湿性测定结果（图 4-21）

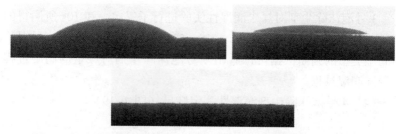

图 4-21 6号泡沫除尘剂在 1s，2s，3s 时对煤尘的润湿性测定结果

通过实验结果可以看出，6 号泡沫除尘剂与煤尘接触 3s 内就已经完全在煤尘表面铺展并迅速地润湿煤尘，在 3s 时其与煤尘的接触角已为 0°，此过程为铺展润湿过程。

（7）7 号泡沫除尘剂润湿性测定结果（图 4-22）

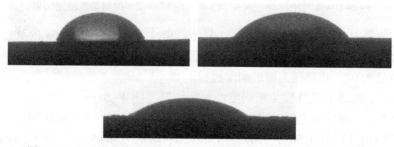

图 4-22 7号泡沫除尘剂在 1s，5s，10s 时对煤尘的润湿性测定结果

7号泡沫除尘剂对煤尘润湿性实验进行了三次，在10s所测得的接触角分别为18.23°，17.94°，18.42°，平均值为18.21°，根据不同润湿类型的判断依据可以看出，7号泡沫除尘剂对煤尘的润湿过程为浸湿润湿过程。

　　（8）8号泡沫除尘剂润湿性测定结果（图4-23）

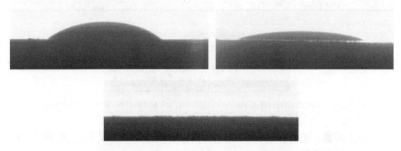

图4-23　8号泡沫除尘剂在1s，5s，8s时对煤尘的润湿性测定结果

　　通过实验结果可以看出，8号泡沫除尘剂与煤尘接触8s内就已经完全在煤尘表面铺展并迅速地润湿煤尘，在8s时其与煤尘的接触角已为0°，此过程为铺展润湿过程。

　　（9）9号泡沫除尘剂润湿性测定结果（图4-24）

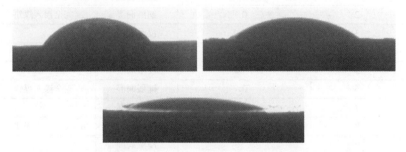

图4-24　9号泡沫除尘剂在1s，5s，10s时对煤尘的润湿性测定结果

　　9号泡沫除尘剂对煤尘润湿性实验进行了三次，在10s所测得的接触角分别为9.27°，10.06°，9.35°，平均值为9.56°，根据不同润湿类型的判断依据可以看出，9号泡沫除尘剂对煤尘的润湿过程为浸湿润湿过程。

（10）矿井防尘用水润湿性测定结果（图 4-25）

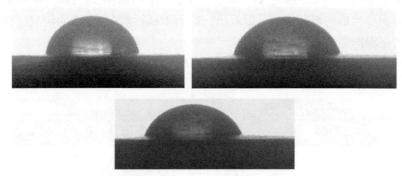

图 4-25 矿井防尘用水在 1s，5s，10s 时对煤尘的润湿性测定结果

通过实验结果可以看出矿井防尘用水润湿性较差，实验共进行了三次，三次试验在 10s 时润湿角分别为 78.32°，78.14°，77.93°，平均值为 78.13°（表 4-2），根据不同润湿类型的判断依据可以看出，矿井防尘用水对煤尘的润湿过程为浸湿润湿过程。

表 4-2 褐煤煤尘接触角实验测定结果

泡沫除尘剂编号	接触角大小（10s）/(°)	润湿方式	备注
1	0	铺展润湿	10s 完全渗入煤饼
2	0	铺展润湿	2s 完全渗入煤饼
3	16.12	浸湿润湿	
4	0	铺展润湿	6s 完全渗入煤饼
5	3.68	浸湿润湿	
6	0	铺展润湿	3s 完全渗入煤饼
7	18.21	浸湿润湿	
8	0	铺展润湿	8s 完全渗入煤饼
9	9.56	浸湿润湿	
矿井防尘用水	78.13	浸湿润湿	

通过实验结果可以看出：在泡沫除尘剂滴到煤饼表面 10s 后 1 号泡沫除尘剂、2 号泡沫除尘剂、4 号泡沫除尘剂、6 号泡沫除尘剂、8 号泡沫除尘剂可以完全润湿进入煤饼，因此这五种泡沫除尘剂对褐煤煤尘润湿效果最好，根据完全润湿时间的不同可以看出润湿性大

小依次为：2 号泡沫除尘剂>6 号泡沫除尘剂>4 号泡沫除尘剂>8 号泡沫除尘剂>1 号泡沫除尘剂，另外六种泡沫除尘剂根据 10s 时接触角大小不同得出润湿性大小依次为：5 号泡沫除尘剂>9 号泡沫除尘剂>3 号泡沫除尘剂>7 号泡沫除尘剂。

4.2.3 焦煤粉尘润湿性测定

利用 DSA100 动态接触角测量仪分别对 9 种泡沫除尘剂与焦煤煤尘的润湿性进行测定分析，并与矿井降尘用水对其润湿性进行比较。

（1）1 号泡沫除尘剂润湿性测定结果（图 4-26）

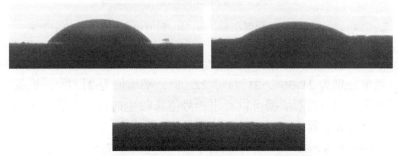

图 4-26 1 号泡沫除尘剂在 1s，5s，10s 时对煤尘的润湿性测定结果

1 号泡沫除尘剂与煤尘接触的 10s 后，可以看出泡沫除尘剂完全在煤尘表面铺展并迅速地润湿煤尘，在 10s 时接触角为 0°，此过程为铺展润湿过程。

（2）2 号泡沫除尘剂润湿性测定结果（图 4-27）

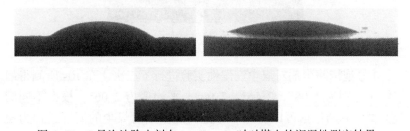

图 4-27 2 号泡沫除尘剂在 1s，2s，3s 时对煤尘的润湿性测定结果

通过实验结果可以看出，2 号泡沫除尘剂与煤尘接触 3s 内就已

经完全在煤尘表面铺展并迅速地润湿煤尘，在 3s 时其与煤尘的接触角已为 0°，此过程为铺展润湿过程。

（3）3 号泡沫除尘剂润湿性测定结果（图 4-28）

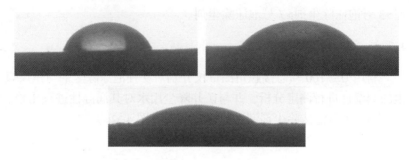

图 4-28　3 号泡沫除尘剂在 1s，5s，10s 时对煤尘的润湿性测定结果

　　3 号泡沫除尘剂对煤尘润湿性实验进行了三次，在 10s 所测得的接触角分别为 21.36°，21.74°，22.08°，平均值为 21.73°，根据不同润湿类型的判断依据可以看出 3 号泡沫除尘剂对煤尘的润湿过程为浸湿润湿过程。

（4）4 号泡沫除尘剂润湿性测定结果（图 4-29）

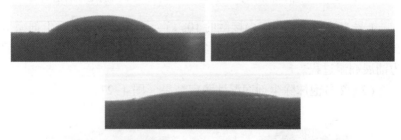

图 4-29　4 号泡沫除尘剂在 1s，5s，10s 时对煤尘的润湿性测定结果

　　4 号泡沫除尘剂对煤尘润湿性实验进行了三次，在 10s 所测得的接触角分别为 1.98°，2.15°，2.06°，平均值为 2.06°，根据不同润湿类型的判断依据可以看出 4 号泡沫除尘剂对煤尘的润湿过程为浸湿润湿过程。

（5）5 号泡沫除尘剂润湿性测定结果（图 4-30）

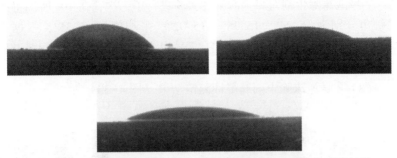

图 4-30　5 号泡沫除尘剂在 1s，5s，10s 时对煤尘的润湿性测定结果

5 号泡沫除尘剂对煤尘润湿性实验进行了三次，在 10s 所测得的接触角分别为 14.76°，15.31°，15.18°，平均值为 15.08°，根据不同润湿类型的判断依据可以看出 4 号泡沫除尘剂对煤尘的润湿过程为浸湿润湿过程。

（6）6 号泡沫除尘剂润湿性测定结果（图 4-31）

图 4-31　6 号泡沫除尘剂在 1s，2s 时对煤尘的润湿性测定结果

通过实验结果可以看出，6 号泡沫除尘剂与煤尘接触 2s 内就已经完全在煤尘表面铺展并迅速地润湿煤尘，在 2s 时其与煤尘的接触角已为 0°，此过程为铺展润湿过程。

（7）7 号泡沫除尘剂润湿性测定结果（图 4-32）

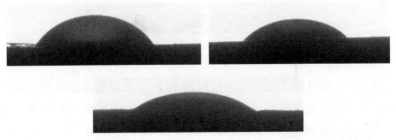

图 4-32　7 号泡沫除尘剂在 1s，5s，10s 时对煤尘的润湿性测定结果

7号泡沫除尘剂对煤尘润湿性实验进行了三次，在10s所测得的接触角分别为15.24°，15.78°，15.02°，平均值为15.35°，根据不同润湿类型的判断依据可以看出，7号泡沫除尘剂对煤尘的润湿过程为浸湿润湿过程。

（8）8号泡沫除尘剂润湿性测定结果（图4-33）

图4-33 8号泡沫除尘剂在1s，5s，10s时对煤尘的润湿性测定结果

8号泡沫除尘剂对煤尘润湿性实验进行了三次，在10s所测得的接触角分别为3.27°，2.96°，3.12°，平均值为3.12°，根据不同润湿类型的判断依据可以看出，8号泡沫除尘剂对煤尘的润湿过程为浸湿润湿过程。

（9）9号泡沫除尘剂润湿性测定结果（图4-34）

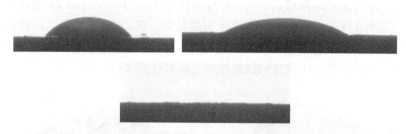

图4-34 9号泡沫除尘剂在1s，5s，9s时对煤尘的润湿性测定结果

从9号泡沫除尘剂与煤尘接触的9s内，可以看出泡沫除尘剂完全在煤尘表面铺展并迅速地润湿煤尘，在9s时接触角为0°，此过程为铺展润湿过程。

（10）矿井防尘用水润湿性测定结果（图4-35）

图 4-35　矿井防尘用水在 1s，5s，10s 时对煤尘的润湿性测定结果

通过实验结果可以看出矿井防尘用水润湿性较差，实验共进行了三次，三次试验在 10s 时润湿角分别为 59.28°，58.76°，58.65°，平均值为 58.91°（表 4-3），根据不同润湿类型的判断依据可以看出矿井防尘用水对煤尘的润湿过程为浸湿润湿过程。

表 4-3　焦煤煤尘接触角实验测定结果

泡沫除尘剂编号	接触角大小（10s）/(°)	润湿方式	备注
1	0	铺展润湿	10s 完全渗入煤饼
2	0	铺展润湿	3s 完全渗入煤饼
3	21.73	浸湿润湿	
4	2.06	浸湿润湿	
5	15.08	浸湿润湿	
6	0	铺展润湿	2s 完全渗入煤饼
7	15.35	浸湿润湿	
8	3.12	浸湿润湿	
9	0	铺展润湿	9s 完全渗入煤饼
矿井防尘用水	58.91	浸湿润湿	

通过实验结果可以看出：在泡沫除尘剂滴到煤饼表面 10s 后 1 号泡沫除尘剂、2 号泡沫除尘剂、6 号泡沫除尘剂和 9 号泡沫除尘剂可以完全润湿进入煤饼，因此这四种泡沫除尘剂润湿效果最好，根

据完全润湿时间的不同可以看出润湿性大小依次为：6 号泡沫除尘剂>2 号泡沫除尘剂>9 号泡沫除尘剂>1 号泡沫除尘剂，另外五种泡沫除尘剂根据 10s 时接触角大小不同得出润湿性大小依次为：4 号泡沫除尘剂>8 号泡沫除尘剂>5 号泡沫除尘剂>7 号泡沫除尘剂>3 号泡沫除尘剂。

4.3 泡沫除尘剂配方优选

将润湿性实验结果进行汇总得出 9 种泡沫降尘剂与三种不同煤质煤尘的润湿性比较表格如表 4-4 所示。

表 4-4 9 种泡沫降尘剂与三种不同煤尘的润湿性比较表

泡沫除尘剂编号	无烟煤煤尘润湿性	褐煤煤尘润湿性	焦煤煤尘润湿性
1	2.45°	10s 完全渗入煤饼	10s 完全渗入煤饼
2	3s 完全润湿煤饼	2s 完全渗入煤饼	3s 完全渗入煤饼
3	25.91°	16.12°	21.73°
4	5s 完全润湿煤饼	6s 完全渗入煤饼	2.06°
5	15.93°	3.68°	15.08°
6	2s 完全润湿煤饼	3s 完全渗入煤饼	2s 完全渗入煤饼
7	14.93°	18.21°	15.35°
8	1.86°	8s 完全渗入煤饼	3.12°
9	9.91°	9.56°	9s 完全渗入煤饼

通过表 4-4 分析可知：针对无烟煤煤尘而言，9 种泡沫除尘剂的润湿性大小顺序为：6 号泡沫除尘剂>4 号泡沫除尘剂>2 号泡沫除尘剂>8 号泡沫除尘剂>1 号泡沫除尘剂>9 号泡沫除尘剂>7 号泡沫除尘剂>5 号泡沫除尘剂>3 号泡沫除尘剂。针对褐煤煤尘而言，9 种泡沫除尘剂的润湿性大小顺序为：2 号泡沫除尘剂>6 号泡沫除尘剂>4 号泡沫除尘剂>8 号泡沫除尘剂>1 号泡沫除尘剂>5 号泡沫除尘剂>9 号泡沫除尘剂>3 号泡沫除尘剂>7 号泡沫除尘剂。针对焦煤煤尘而言，9 种泡沫除尘剂的润湿性大小顺序为：6 号泡沫除尘剂>2 号泡

沫除尘剂>9号泡沫除尘剂>1号泡沫除尘剂>4号泡沫除尘剂>8号泡沫除尘剂>5号泡沫除尘剂>7号泡沫除尘剂>3号泡沫除尘剂。

从三种煤质煤尘润湿性结果来看：7号泡沫除尘剂和3号泡沫除尘剂的润湿性均比较弱，故而将7号泡沫除尘剂和3号泡沫除尘剂排除，从而筛选出2号泡沫除尘剂、6号泡沫除尘剂、4号泡沫除尘剂、8号泡沫除尘剂、1号泡沫除尘剂、5号泡沫除尘剂、9号泡沫除尘剂进行下一步实验。

4.4 本章小结

（1）通过DSA100动态接触角测量仪分别测定了九种泡沫除尘剂对无烟煤、褐煤和焦煤的接触角，通过接触角测定实验得出如下结论：

①针对无烟煤煤尘而言，9种泡沫除尘剂的润湿性大小顺序为：6号泡沫除尘剂>4号泡沫除尘剂>2号泡沫除尘剂>8号泡沫除尘剂>1号泡沫除尘剂>9号泡沫除尘剂>7号泡沫除尘剂>5号泡沫除尘剂>3号泡沫除尘剂。

②针对褐煤煤尘而言，9种泡沫除尘剂的润湿性大小顺序为：2号泡沫除尘剂>6号泡沫除尘剂>4号泡沫除尘剂>8号泡沫除尘剂>1号泡沫除尘剂>5号泡沫除尘剂>9号泡沫除尘剂>3号泡沫除尘剂>7号泡沫除尘剂。

③针对焦煤煤尘而言，9种泡沫除尘剂的润湿性大小顺序为：6号泡沫除尘剂>2号泡沫除尘剂>9号泡沫除尘剂>1号泡沫除尘剂>4号泡沫除尘剂>8号泡沫除尘剂>5号泡沫除尘剂>7号泡沫除尘剂>3号泡沫除尘剂。

（2）通过三种不同煤质煤尘接触角测定实验结果排除了润湿性最差的7号泡沫除尘剂和3号泡沫除尘剂，筛选出了润湿性较好的1号泡沫除尘剂、2号泡沫除尘剂、4号泡沫除尘剂、5号泡沫除尘剂、6号泡沫除尘剂、8号泡沫除尘剂、9号泡沫除尘剂。1号泡沫除尘剂在10s时对无烟煤煤饼的接触角为2.45°，对褐煤和焦煤煤饼的接触角全部为0°；2号泡沫除尘剂在3s内对无烟煤、褐煤和焦煤煤饼

的接触角全部为 0°；4 号泡沫除尘剂在 5s 时对无烟煤煤饼的接触角
为 0°，6s 时对褐煤煤饼的接触角为 0°，10s 时对焦煤煤饼的接触角
为 2.06°；5 号泡沫除尘剂在 10s 时对无烟煤、褐煤和焦煤煤饼的接
触角分别为 15.93°、3.68°、15.08°；6 号泡沫除尘剂在 3s 内对无烟
煤、褐煤和焦煤煤饼的接触角全部为 0°；8 号泡沫除尘剂在 10s 时对
无烟煤煤饼接触角为 1.86°，8s 时对褐煤煤饼的接触角为 0°，10s 时
对焦煤煤饼接触角为 3.12°；9 号泡沫除尘剂在 10s 时对无烟煤煤饼
接触角为 9.91°，对褐煤煤饼接触角为 9.56°，9s 时对焦煤煤饼接触
角为 0°。

5

泡沫除尘剂发泡倍数测定及配方确定

为了考察筛选出的七种泡沫除尘剂的发泡倍数，从而根据发泡倍数大小对研发的泡沫除尘剂进行进一步筛选，本章对研发出的泡沫除尘剂分别采用搅拌器和矿用泡沫除尘发泡器对研发出的泡沫除尘剂发泡倍数进行了测定，根据测定结果最终确定出了发泡倍数高、润湿性好的泡沫除尘剂。

5.1 发泡倍数常用测量方法

（1）容积-重量法

容积-重量法主要是在泡沫正常发泡后，用容器将散落的泡沫收集起来，用以计算其发泡倍数[40]：

$$n = \frac{V r_{\mathrm{p}}}{G} \tag{5-1}$$

式中，n 为发泡倍数；V 为容器内的泡沫体积，L；G 为容器内泡沫净重，kg；r_{p} 为混合液密度，kg/L。

（2）容积法

容积法用计量罐将发泡正常后的泡沫全部收集起来，同时测出喷射的时间然后通过罐内泡沫的体积，即可得出泡沫的发泡倍数[41]：

$$n = \frac{V}{T Q_{\mathrm{p}}} \tag{5-2}$$

式中，n 为发泡倍数；V 为计量罐中泡沫的体积，L；T 为喷射时间，s；Q_p 为喷射的混合液流量，L/s。

5.2 泡沫除尘剂发泡倍数测定

5.2.1 搅拌法泡沫倍数测定实验

5.2.1.1 实验仪器及材料

（1）实验仪器：搅拌器（图 5-1）、量筒、烧杯、电子天平、药匙、滴管。

（2）实验材料：发泡剂 X、发泡剂 Y、发泡剂 Z、润湿剂 D、润湿剂 E、润湿剂 F、自来水。

图 5-1 搅拌器

5.2.1.2 实验过程

按照最优配比配制 1 号泡沫除尘剂、2 号泡沫除尘剂、4 号泡沫除尘剂、5 号泡沫除尘剂、6 号泡沫除尘剂、8 号泡沫除尘剂、9 号泡沫除尘剂各 50mL，将 7 种泡沫除尘剂分别放入搅拌器中，根据

Waring Blender 泡沫发泡能力测定法的规定，将搅拌器转速调为 1000r/min 进行搅拌直至不再起泡，读出泡沫体积，得出泡沫体积与泡沫除尘剂体积之比即为该泡沫除尘剂的发泡倍数。

由于搅拌器容量杯的刻度跨度较大，故而采用量筒依次量取 50mL 水加入搅拌器容量杯中得出精确度为 50mL 的搅拌器容量杯刻度并进行标注以便进行实验。

5.2.1.3 实验结果

实验结果见表 5-1~表 5-7 和图 5-2~图 5-4。

表 5-1　1号泡沫除尘剂发泡倍数测定结果

泡沫除尘剂编号	次数	泡沫除尘剂体积/mL	泡沫体积/mL	发泡倍数	平均发泡倍数
1	1	50	570	11.40	11.37
	2	50	560	11.20	
	3	50	575	11.50	

表 5-2　2号泡沫除尘剂发泡倍数测定结果

泡沫除尘剂编号	次数	泡沫除尘剂体积/mL	泡沫体积/mL	发泡倍数	平均发泡倍数
2	1	50	762	15.24	15.35
	2	50	775	15.50	
	3	50	765	15.30	

表 5-3　4号泡沫除尘剂发泡倍数测定结果

泡沫除尘剂编号	次数	泡沫除尘剂体积/mL	泡沫体积/mL	发泡倍数	平均发泡倍数
4	1	50	955	19.10	18.97
	2	50	940	18.80	
	3	50	950	19.00	

表5-4 5号泡沫除尘剂发泡倍数测定结果

泡沫除尘剂编号	次数	泡沫除尘剂体积/mL	泡沫体积/mL	发泡倍数	平均发泡倍数
5	1	50	535	10.70	10.83
	2	50	550	11.00	
	3	50	540	10.80	

表5-5 6号泡沫除尘剂发泡倍数测定结果

泡沫除尘剂编号	次数	泡沫除尘剂体积/mL	泡沫体积/mL	发泡倍数	平均发泡倍数
6	1	50	625	12.50	12.67
	2	50	640	12.80	
	3	50	635	12.70	

表5-6 8号泡沫除尘剂发泡倍数测定结果

泡沫除尘剂编号	次数	泡沫除尘剂体积/mL	泡沫体积/mL	发泡倍数	平均发泡倍数
8	1	50	525	10.50	10.70
	2	50	550	11.00	
	3	50	530	10.60	

表5-7 9号泡沫除尘剂发泡倍数测定结果

泡沫除尘剂编号	次数	泡沫除尘剂体积/mL	泡沫体积/mL	发泡倍数	平均发泡倍数
9	1	50	585	11.70	11.70
	2	50	590	11.80	
	3	50	580	11.60	

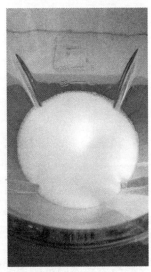

图 5-2 2 号泡沫除尘剂发泡倍数效果图

图 5-3 4 号泡沫除尘剂发泡倍数效果图

图 5-4　6 号泡沫除尘剂发泡倍数效果图

5.2.2　发泡器法泡沫倍数测定实验

在采用搅拌法对七种泡沫除尘剂的发泡倍数进行测定以后，为了使实验结果更为可靠，作者应用现有的泡沫除尘发泡器对其中泡沫除尘剂的发泡倍数进行了进一步实验测定，以得出在采用泡沫发生器时七种泡沫除尘剂的发泡倍数及发泡倍数大小关系。

5.2.2.1　实验设备及材料

（1）实验设备：螺杆泵、无油润滑水冷活塞式空气压缩机、涡街气体流量计、电磁流量计、药剂添加箱、发泡器、调节阀门和试验管路若干（图 5-5）。

（2）实验材料：发泡剂 X、发泡剂 Y、发泡剂 Z、润湿剂 D、润湿剂 E、润湿剂 F、自来水。

5.2.2.2　实验过程

按照最优配比配制 1 号泡沫除尘剂、2 号泡沫除尘剂、4 号泡沫除尘剂、5 号泡沫除尘剂、6 号泡沫除尘剂、8 号泡沫除尘剂、9 号泡沫除尘剂，将泡沫除尘剂倒入药剂添加箱中，启动泡沫发生系统使其产生泡沫，收集 500mL 的泡沫放入烧杯中直至泡沫完全液化，

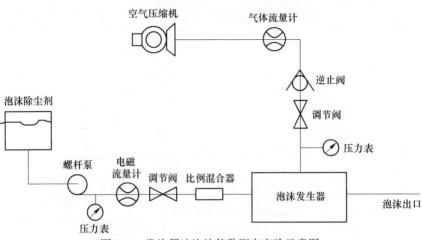

图 5-5　发泡器法泡沫倍数测定实验示意图

测定液化后的液体体积，泡沫体积与其液化后液体的体积之比即为采用泡沫发生器时泡沫除尘器的发泡倍数。

5.2.3.3　实验结果

实验结果见表 5-8~表 5-14 和图 5-6~图 5-9。

表 5-8　1 号泡沫除尘剂发泡倍数测定结果

泡沫除尘剂编号	次数	泡沫体积/mL	生成液体体积/mL	发泡倍数	平均发泡倍数
1	1	500	19	26.32	27.84
	2	500	17	29.41	
	3	500	18	27.78	

表 5-9　2 号泡沫除尘剂发泡倍数测定结果

泡沫除尘剂编号	次数	泡沫体积/mL	生成液体体积/mL	发泡倍数	平均发泡倍数
2	1	500	14	35.71	34.92
	2	500	15	33.33	
	3	500	14	35.71	

表 5-10 4 号泡沫除尘剂发泡倍数测定结果

泡沫除尘剂编号	次数	泡沫体积/mL	生成液体体积/mL	发泡倍数	平均发泡倍数
4	1	500	13	38.46	38.61
	2	500	14	35.71	
	3	500	12	41.67	

表 5-11 5 号泡沫除尘剂发泡倍数测定结果

泡沫除尘剂编号	次数	泡沫体积/mL	生成液体体积/mL	发泡倍数	平均发泡倍数
5	1	500	25	20.00	20.28
	2	500	24	20.83	
	3	500	25	20.00	

表 5-12 6 号泡沫除尘剂发泡倍数测定结果

泡沫除尘剂编号	次数	泡沫体积/mL	生成液体体积/mL	发泡倍数	平均发泡倍数
6	1	500	15	33.33	30.78
	2	500	18	27.78	
	3	500	16	31.25	

表 5-13 8 号泡沫除尘剂发泡倍数测定结果

泡沫除尘剂编号	次数	泡沫体积/mL	生成液体体积/mL	发泡倍数	平均发泡倍数
8	1	500	23	21.74	21.49
	2	500	22	22.73	
	3	500	25	20.00	

表 5-14　9 号泡沫除尘剂发泡倍数测定结果

泡沫除尘剂编号	次数	泡沫体积 /mL	生成液体体积 /mL	发泡倍数	平均发泡倍数
9	1	500	21	23.81	24.61
	2	500	20	25.00	
	3	500	20	25.00	

图 5-6　泡沫除尘剂发泡效果图

图 5-7　实验收集的 500mL 泡沫及其析出的 15mL 液体

图 5-8 实验收集的 500mL 泡沫及其析出的 13mL 液体

图 5-9 实验收集的 500mL 泡沫及其析出的 18mL 液体

5.3 泡沫除尘剂配方的最终确定

通过对搅拌法和发泡器法测定实验结果可以得出七种泡沫除尘

剂对应两种方法的平均发泡倍数，见表5-15。

表5-15   搅拌法与发泡器法平均发泡倍数对比表

泡沫除尘剂编号	平均发泡倍数	
	搅拌法	发泡器法
1	11.37	27.84
2	15.35	34.92
4	18.97	38.61
5	10.83	20.28
6	12.67	30.78
8	10.70	21.49
9	11.70	24.61

由表5-15可知：搅拌法得出的平均发泡倍数排序为：4号泡沫除尘剂>2号泡沫除尘剂>6号泡沫除尘剂>9号泡沫除尘剂>1号泡沫除尘剂>5号泡沫除尘剂>8号泡沫除尘剂；发泡器法得出的平均发泡倍数排序为：4号泡沫除尘剂>6号泡沫除尘剂>2号泡沫除尘剂>1号泡沫除尘剂>9号泡沫除尘剂>8号泡沫除尘剂>5号泡沫除尘剂。

由实验结果还可以得出：采用搅拌法和发泡器法测得的泡沫除尘剂发泡倍数相差较大，这是由于发泡器内部存在搅拌、风吹、拦截等多种有利于泡沫除尘剂发泡的条件，因此，发泡器的结构对泡沫除尘剂发泡倍数也有较大影响，要想使泡沫除尘技术取得更加优良的效果需要进一步对发泡器进行研究。

通过发泡器法实验数据可以得知：七种泡沫除尘剂发泡倍数相差较大，范围在20.28~38.61之间，而发泡能力较强的三种泡沫除尘剂分别为2号泡沫除尘剂、4号泡沫除尘剂和6号泡沫除尘剂，其发泡倍数分别达到了30.78倍、38.61倍和34.92倍。

5.4 本章小结

（1）通过搅拌法得出七种泡沫除尘剂的发泡倍数顺序为4号泡

沫除尘剂>2 号泡沫除尘剂>6 号泡沫除尘剂>9 号泡沫除尘剂>1 号泡沫除尘剂>5 号泡沫除尘剂>8 号泡沫除尘剂;

（2）通过发泡器法得出七种泡沫除尘剂的发泡倍数顺序为 4 号泡沫除尘剂>2 号泡沫除尘剂>6 号泡沫除尘剂>1 号泡沫除尘剂>9 号泡沫除尘剂>8 号泡沫除尘剂>5 号泡沫除尘剂;

（3）根据实验结果最终确定了三种发泡倍数高、润湿性强的泡沫除尘剂，即 2 号泡沫除尘剂、4 号泡沫除尘剂和 6 号泡沫除尘剂，其发泡倍数分别达到了 30.78 倍、38.61 倍和 34.92 倍。

现 场 应 用

  为了考察研发的泡沫除尘剂除尘效果,课题组在兖矿集团兴隆庄煤矿进行了现场应用,应用现有的泡沫发生器,在将泡沫除尘系统在现场进行安装完成以后将课题组研发的泡沫除尘剂加入发泡器中产生泡沫,测定使用泡沫除尘系统前后粉尘浓度以此考察课题研发的泡沫除尘剂除尘效果。

6.1 应用条件及技术参数

  (1) 泡沫制备条件

  为了保证泡沫除尘效果必须制备出高倍数泡沫,而选用的泡沫除尘系统需满足以下条件:

  1) 泡沫的制备水流必须稳定,井下自来水即可,掘进工作面的水流量保持在 $1.2m^3/h$,压力为 $0.2~0.6MPa$;

  2) 泡沫的制备风压要满足要求,流量保持在 $50~60m^3/h$,压力为 $0.2~0.6MPa$。

  (2) 技术参数

  1) 发泡倍数:$30~50$;

  2) 耗水量:$1.5~2.5m^3/h$;

  3) 产泡量:$30~100m^3/h$;

  4) 发泡液浓度:$1.2\%~1.5\%$。

6.2　掘进工作面的应用

为了验证课题研发的泡沫除尘剂的实际效果，在兖矿集团兴隆庄煤矿进行了现场应用研究。根据兴隆庄煤矿实际情况，最终选择在 3904 综掘工作面进行现场应用。

6.2.1　兴隆庄煤矿 3904 综掘工作面概况

兴隆庄煤矿是兖矿集团公司的骨干矿井。井田面积 15 平方公里，于 1979 年建成投产，后经矿井改扩建，目前已建成核定生产能力为 140 万吨/年，企业员工 4200 余人，精煤洗选能力 100 万吨的现代化矿井。

3904 综掘工作面位于−150m 水平 3306 运输顺槽、轨道顺槽巷以东，−250m 水平 3902 工作面南东，3906 工作面北西。该巷道揭露岩性以粉砂岩、中砂岩以及黏土岩为主。该巷道设计长度 989 米，设计工期 4 个月，巷道采用锚索网支护，断面为半圆拱形，采用综掘机掘进。目前，该巷道采用的降尘方法主要是掘进机内外喷雾除尘，但喷雾降尘的效果不是很理想，由于喷头口径很小，井下除尘用的水中含有岩粉等颗粒物，造成喷雾用的喷头极易堵塞；另外，喷雾防尘中雾滴对粉尘的润湿性较差，导致粉尘很难被雾滴捕捉沉降，降尘效果不理想。同时，喷雾降尘会导致工作面存在大量积水，底板在水的浸泡下造成综掘机下陷，严重破坏作业环境，现场作业人员对在这种环境中作业深感不适。基于以上原因，兴隆庄煤矿 3094 综掘工作面迫切需要对其降尘措施进行改进。

6.2.2　系统运行与粉尘浓度测定

系统安装成功以后，整个系统的运行过程如下：

（1）检查设备。在系统运行前，应该先检查供水和供风管路及设备、比例混合器、发泡器及一些辅助设备是否处于工作状态，以保证泡沫除尘系统的顺利运行。

（2）系统运行。首先关闭比例混合器的阀门，在比例混合器的容器中加入适量的发泡剂。开启供水管路上的阀门，提前供给 1 分钟的清水，冲洗管路，并检查管路是否漏水；接着开启比例混合器上的阀门，发泡剂按照比例被加入水管中，发泡剂在供水管路中与水混合进入发泡器，打开风管上的阀门开始供气，便制备出了泡沫，泡沫进入分配器，再经胶管输送至产尘点。

（3）粉尘浓度测定

1）粉尘浓度测定方法

为了考察泡沫除尘系统除尘效率的高低，必须对应用地点进行粉尘浓度的测量，测量仪器选用的是 AKFC-92A 型矿用粉尘采样器。其主要部件由高性能吸气泵、自动时间控制电路、流量调节电路、自动反馈恒流电路、欠压保护报警电路、安全电源等组成，还配有多种粉尘预捕集器（滤膜）[64]。主要的原理：通过高性能吸气泵在一定的时间内吸入带有粉尘的空气，然后采样器中的滤膜将空气中的粉尘过滤。将收集好的滤膜带到井上粉尘分析实验室，使用恒温箱去除滤膜中粉尘所含有的水分，得到这一段时间内仪器所吸入的粉尘量。利用所得的粉尘量与这段时间内吸入空气的总体积相比，就可以得出这段时间内空气中的粉尘浓度。AKFC-92A 型矿用粉尘采样器不仅可以对空气中悬浮粉尘的全尘进行测算，而且也可以对呼吸性粉尘浓度进行测算。

2）粉尘采样点的确定

为了有效了解工作面的粉尘情况，就需要在工作面现场布置一定数量的测尘点，以便测量采煤工人接尘现场的粉尘浓度。根据上述原则和国家标准[65]（GB 5748—85、MT 79—84）确定 3904 综掘工作面粉尘采样点的布置方法如图 6-1 所示，分别测试开启泡沫除尘系统前

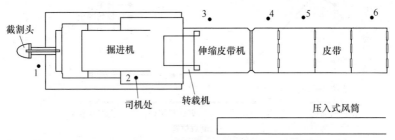

图 6-1　3904 综掘工作面粉尘浓度测点布置示意图

后的全尘和呼吸性粉尘的参数，见表 6-1、表 6-2 和图 6-2、图 6-3。

表 6-1 不使用任何降尘措施时工作面现场粉尘浓度

项目	掘进头	司机作业点	转载机尾处	除尘风机后
呼尘/mg·m^{-3}	459	145.6	97.5	103.3
全尘/mg·m^{-3}	1077	323.3	200.6	275.4

表 6-2 使用泡沫除尘技术后工作面现场粉尘浓度

项目	掘进头	司机作业点	转载机尾处	除尘风机后
呼尘/mg·m^{-3}	59.2	8.0	7.4	7.9
全尘/mg·m^{-3}	126.1	17.5	12.6	17.6

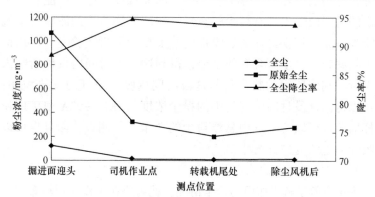

图 6-2 使用泡沫除尘技术后全尘降尘率

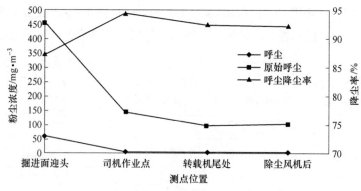

图 6-3 使用泡沫除尘技术后呼尘降尘率

6.2.3 测定结果分析

从表6-1、表6-2和图6-2、图6-3可以看出，3904综掘工作面在采用泡沫除尘技术后，各生产工序主要产尘点的粉尘变化情况分别为：掘进面迎头全尘浓度由 $1077mg/m^3$ 下降到 $126.1mg/m^3$，降尘率为88.3%，呼尘浓度由 $459mg/m^3$ 下降到 $59.2mg/m^3$，降尘率为87.1%；司机作业点全尘浓度由 $323.3mg/m^3$ 下降到 $17.5mg/m^3$，降尘率为94.6%，呼尘浓度由 $145.6mg/m^3$ 下降到 $8mg/m^3$，降尘率为89.7%；转载机尾处全尘浓度由 $200.6mg/m^3$ 下降到 $12.6mg/m^3$，降尘率为93.7%，呼尘浓度由 $97.5mg/m^3$ 下降到 $7.4mg/m^3$，降尘率为88.4%；除尘风机后全尘浓度由 $275.4mg/m^3$ 下降到 $17.6mg/m^3$，降尘率为93.6%，呼尘浓度由 $103.3mg/m^3$ 下降到 $7.9mg/m^3$，降尘率为87.3%，工作面的环境和劳动卫生条件得到了极大的改善。

6.3 本章小结

（1）提出了泡沫除尘技术在掘进工作面应用的条件和技术参数，详细描述了该技术在掘进工作面应用时的工艺流程和系统安装方法。

（2）该技术在兖矿集团兴隆庄煤矿的掘进工作面应用，并对掘进头、司机作业点、转载机尾处、除尘风机后等地点粉尘浓度进行测量，测试结果显示：泡沫除尘技术对整个综掘工作面而言，全尘平均降尘效率达到了92.6%，对呼吸性粉尘的降尘效率为85.4%，取得了显著的防尘效果。

7

主要结论与创新点

7.1　主要结论

本课题采用理论分析、实验室研究与现场应用相结合的研究方法，主要从除尘泡沫基本性质及泡沫捕尘机理研究、矿用泡沫除尘剂的实验室研究、泡沫除尘剂润湿性测定及配方优选、矿用泡沫发生器的研制以及泡沫除尘技术现场应用等几个方面对"煤矿井下泡沫除尘技术研究"这一课题进行了较为系统和全面的研究，得出了以下主要结论：

（1）通过对除尘泡沫基本性质及泡沫捕尘机理进行研究得出泡沫按维持时间长短可以将泡沫分为"短暂泡沫"和"持久性泡沫"，按泡沫的产生力和破坏力之间平衡关系可以将泡沫分为"不稳定性泡沫"和"稳定性泡沫"，按泡沫的集聚状态可将其分为"稀泡"和"浓泡"。而泡沫产生的条件主要包括发泡液的表面张力很小、气液接触、发泡速度高于破泡速度等；泡沫捕捉粉尘过程可以分为截留、惯性碰撞、扩散效应和黏附效应。

（2）采用改进 Ross-Miles 法对选择的发泡剂单体发泡能力及泡沫稳定性进行测定最终优选了 3 号、4 号和 5 号三种发泡剂作为泡沫除尘剂中的发泡剂单体；通过 3 号、4 号和 5 号三种发泡剂单体复配实验得出泡沫除尘剂中发泡剂的最优配比，即：发泡剂 A（X+Y 复配且两者质量浓度比为 7∶3）；发泡剂 B（X+Z 复配且两者质量浓度比为 4∶1) 发泡剂 C(Y+Z 复配且两者质量浓度比为 3∶2);通过发泡剂与润湿剂复配实验初步得出九种泡沫除尘剂的最优配方,即:①发泡剂 X+发泡剂 Y+润湿剂 D 且三者的质量浓度分别为 0.673%、0.273%、0.39%,在该质量浓度时 0min 泡沫体积为 760mL,5min 泡沫体积为 550mL;②发泡剂 X+发泡剂 Y+润湿剂 E 且三者的质量浓度分别为 0.714%、0.306%、0.68%,在该质量浓度时 0min 泡沫体积为 780mL,5min 泡沫体积为 610mL;③发泡剂 X+发泡剂 Y+润湿剂 F 且三者的质量浓度分别为 0.728%、0.312%、0.26%,在该质量浓度时 0min 泡沫体积为 710mL,5min 泡沫体积为 560mL;④发泡剂 X+发泡剂 Z+润湿剂 D 且三者的质量浓度分别为 0.96%、0.24%、0.3%,在该质量浓度时 0min 泡沫体积为 800mL,5min 泡沫体积为 600mL;⑤发泡剂 X+发泡剂 Z+润湿剂 E 且三者的质量浓度分别为 0.832%、0.208%、0.26%,在该质量浓度时 0min 泡沫体积为 760mL,5min 泡沫体积为 580mL;⑥发泡剂 X+发泡剂 Z+润湿剂 F 且三者的质量浓度分别为 0.72%、0.18%、0.6%,在该质量浓度时 0min 泡沫体积为 750mL,5min 泡沫体积为 590mL;⑦发泡剂 Y+发泡剂 Z+润湿剂 D 且三者的质量浓度分别为 0.468%、0.312%、0.52%,在该质量浓度时 0min 泡沫体积为 830mL,5min 泡沫体积为 650mL;⑧发泡剂 Y+发泡剂 Z+润湿剂 E 且三者的质量浓度分别为 0.816%、0.544%、0.34%,在该质量浓度时 0min 泡沫体积为 780mL,5min 泡沫体积为 610mL;⑨发泡剂 Y+发泡剂 Z+润湿剂 F 且三者的质量浓度分别为 0.54%、0.36%、0.6%,在该质量浓度时 0min 泡沫体积为 820mL,5min 泡沫体积为 600mL。

(3) 利用 DSA100 动态接触角测量仪分别测定了九种泡沫除尘剂对无烟煤、褐煤和焦煤的接触角,通过接触角测定实验得出如下结论:①针对无烟煤煤尘而言,9 种泡沫除尘剂的润湿性大小顺序为:6 号泡沫除尘剂>4 号泡沫除尘剂>2 号泡沫除尘剂>8 号泡沫除尘剂>1 号泡沫除尘剂>9 号泡沫除尘剂>7 号泡沫除尘剂>5 号泡沫除尘剂>3 号泡沫除尘剂;②针对褐煤煤尘而言,9 种泡沫除尘剂的润湿性大小顺序为:2 号泡沫除尘剂>6 号泡沫除尘剂>4 号泡沫除尘剂>8 号泡沫除尘剂>1 号泡沫除尘剂>5 号泡沫除尘剂>9 号泡沫除尘

剂>3 号泡沫除尘剂>7 号泡沫除尘剂；③针对焦煤煤尘而言，9 种泡
沫除尘剂的润湿性大小顺序为：6 号泡沫除尘剂>2 号泡沫除尘剂>9
号泡沫除尘剂>1 号泡沫除尘剂>4 号泡沫除尘剂>8 号泡沫除尘剂>5
号泡沫除尘剂>7 号泡沫除尘剂>3 号泡沫除尘剂。

通过三种不同煤质煤尘接触角测定实验结果排除了润湿性最差
的 7 号泡沫除尘剂和 3 号泡沫除尘剂，筛选出了润湿性较好的 1 号
泡沫除尘剂、2 号泡沫除尘剂、4 号泡沫除尘剂、5 号泡沫除尘剂、6
号泡沫除尘剂、8 号泡沫除尘剂、9 号泡沫除尘剂。1 号泡沫除尘剂
在 10s 时对无烟煤煤饼的接触角为 2.45°，对褐煤和焦煤煤饼的接触
角全部为 0°；2 号泡沫除尘剂在 3s 内对无烟煤、褐煤和焦煤煤饼的
接触角全部为 0°；4 号泡沫除尘剂在 5s 时对无烟煤煤饼的接触角为
0°，6s 时对褐煤煤饼的接触角为 0°，10s 时对焦煤煤饼的接触角为
2.06°；5 号泡沫除尘剂在 10s 时对无烟煤、褐煤和焦煤煤饼的接触
角分别为 15.93°、3.68°、15.08°；6 号泡沫除尘剂在 3s 内对无烟
煤、褐煤和焦煤煤饼的接触角全部为 0°；8 号泡沫除尘剂在 10s 时对
无烟煤煤饼接触角为 1.86°，8s 时对褐煤煤饼的接触角为 0°，10s 时
对焦煤煤饼接触角为 3.12°；9 号泡沫除尘剂在 10s 时对无烟煤煤饼
接触角为 9.91°，对褐煤煤饼接触角为 9.56°，9s 时对焦煤煤饼接触
角为 0°。

（4）通过搅拌法得出七种泡沫除尘剂的发泡倍数顺序为 4 号泡
沫除尘剂>2 号泡沫除尘剂>6 号泡沫除尘剂>9 号泡沫除尘剂>1 号
泡沫除尘剂>5 号泡沫除尘剂>8 号泡沫除尘剂；通过发泡器法得出七
种泡沫除尘剂的发泡倍数顺序为 4 号泡沫除尘剂>2 号泡沫除尘剂>6
号泡沫除尘剂>1 号泡沫除尘剂>9 号泡沫除尘剂>8 号泡沫除尘剂>5
号泡沫除尘剂；根据实验结果最终确定了三种发泡倍数高、润湿性
强的泡沫除尘剂，即 2 号泡沫除尘剂、4 号泡沫除尘剂和 6 号泡沫除
尘剂，其发泡倍数分别达到了 30.78 倍、38.61 倍和 34.92 倍。

（5）将课题研发的泡沫除尘剂在兖矿集团兴隆庄煤矿综掘工作
面进行应用后得出在使用泡沫除尘剂后掘进迎头全尘浓度由
1077mg/m³ 下降到 126.1mg/m³，降尘率为 88.3%，呼尘浓度由
459mg/m³ 下降到 59.2mg/m³，降尘率为 87.1%；司机作业点全尘浓

度由 323. 3mg/m³ 下降到 17. 5mg/m³，降尘率为 94. 6%，呼尘浓度由
145. 6mg/m³ 下降到 8mg/m³，降尘率为 89. 7%；转载机尾处全尘浓
度由 200. 6mg/m³ 下降到 12. 6mg/m³，降尘率为 93. 7%，呼尘浓度由
97. 5mg/m³ 下降到 7. 4mg/m³，降尘率为 88. 4%；除尘风机后全尘浓
度由 275. 4mg/m³ 下降到 17. 6mg/m³，降尘率为 93. 6%，呼尘浓度由
103. 3mg/m³ 下降到 7. 9mg/m³，降尘率为 87. 3%，对整个综掘工作
面而言全尘平均降尘效率达到了 92. 6%，对呼吸性粉尘的降尘效率
是 85. 4%，取得了显著的降尘效果。

7.2　创　新　点

本书的创新点主要体现在以下几个方面：

（1）从 12 种发泡剂种筛选了 3 种发泡能力最强的发泡剂并将其
进行两两复配得出了由两种发泡剂复配组成的泡沫除尘剂发泡剂，
保证了泡沫除尘剂的发泡性能良好，确定了发泡剂和润湿剂的最优
配比并确定了发泡剂与润湿剂复配后的最优浓度，最终研发出了由
发泡剂和润湿剂组成的发泡能力强、润湿性好的泡沫除尘剂。

（2）测定了泡沫除尘剂对无烟煤煤尘、褐煤煤尘以及焦煤煤尘
的润湿性，从而保证泡沫除尘剂可应用于不同煤种粉尘的沉降。

（3）采用搅拌法和发泡器法分别测定了泡沫除尘剂的发泡倍数，
保证了发泡倍数测定结果的准确性，从而选出了发泡能力最强的 3
种泡沫除尘剂，其发泡倍数分别达到了 30. 78 倍、38. 61 倍和
34. 92 倍。

参 考 文 献

[1] 中国煤炭工业协会. 2012 年前三季度煤炭行业数据. http：//www. askci. com/news/201210/19/84735_86. shtml, 2013.

[2] ZHANG Shengzhu, CHENG Weimin, ZHOU Gang, et al. Study on dust density measurement accuracy of fully mechanized caving face ［A］. Progress in Safety Science and technology：Vol Ⅶ, Bei jing：Science Press/Science Press USA Inc, 2008, 1488-1492.

[3] 时训先, 蒋仲安, 褚燕燕. 煤矿综采工作面防尘技术研究现状及趋势 ［J］. 中国安全生产科学技术, 2005, 1 (1)：41-43.

[4] 范维唐, 卢鉴章, 申宝宏, 等. 煤矿灾害防治的技术与对策 ［M］. 徐州：中国矿业大学出版社, 2007.

[5] 周刚. 综放工作面喷雾降尘理论及工艺研究 ［D］. 青岛：山东科技大学, 2009.

[6] 黄本斌, 王德明, 时国庆, 等. 泡沫除尘机理的理论研究 ［J］. 工业安全与环保, 2008, 34 (5)：13-15.

[7] 任万兴. 煤矿井下泡沫除尘理论与技术研究 ［D］. 徐州：中国矿业大学, 2009.

[8] 国家安全生产监督管理总局. 2001-2010 全国煤矿企业安全事故统计与查询. www. chinasafety. gov. cn, 2010.

[9] 王和堂, 王德明, 任万兴, 等. 煤矿泡沫除尘技术研究现状及趋势 ［J］. 金属矿山, 2009, 12：131-134.

[10] 任万兴, 王德明, 巫斌伟, 等. 矿用泡沫降尘技术 ［J］. 煤炭科学技术, 2009, 37 (11)：30-32.

[11] 刘金, 张英华, 黄志安. 矿用泡沫除尘剂组成及性质研究 ［J］. 2008 (沈阳) 国际安全科学与技术学术研讨会论文集, 2008：291-296.

[12] 商岩冬. 复合泡沫降尘剂的研究 ［D］. 青岛：山东科技大学, 2008.

[13] 段健, 谭允祯, 刘超, 等. 煤矿泡沫降尘起泡剂选择的研究 ［J］. 工业安全与环保, 2008, 34 (12)：6-7.

[14] 蒋仲安, 李怀宇, 杜翠凤. 泡沫除尘机理与泡沫药剂配方的要求 ［J］. 中国矿业, 1995 (9)：61-64.

[15] 罗陶涛. 高分子表面活性剂增强泡沫性能研究 ［D］. 成都：西南石油大学, 2006.

[16] 任茂, 梁大川. 对起泡剂性能的实验研究 ［J］. 内蒙古石油化工, 2006

(2)：6-8.

[17] M. R. Thompson, B. Mu, P. J. Sheskey. Aspects of foam stability influencing foam granulation in a twin screw extruder [J]. Powder Technology, 2012, Vol. 228, pp. 339-348.

[18] Baojun Bai, Reid B. Grigg, Yi Svec, Yongfu Wu. Adsorption of a foam agent on porous sandstone and its effect on foam stability [J]. Colloids and Surfaces A: Physicochemical and Engineering Aspects, 2009, Vol. 353 (2), pp. 189-196.

[19] 陆新晓. 泡沫降尘技术发泡效果实验 [J]. 黑龙江科技学院学报, 2011, 21 (3)：223-225.

[20] 蒋仲安, 李怀宇, 杜翠凤. 泡沫发生器性能和除尘效率的实验研究与分析 [J]. 金属矿山, 1996, 5：41-54.

[21] 秦波涛, 王德明, 张仁贵. 三相泡沫发泡器发泡机理及设计原理 [J]. 中国矿业大学学报, 2008, 37 (4)：439-442.

[22] 陈斌, 郭烈锦, 张西民. 大断面全岩巷综掘工作面泡沫降尘技术 [J]. 工程热物理学报, 2001, 22 (2)：237-240.

[23] 中国煤炭工业劳动保护科学技术学会. 矿井粉尘防治技术 [M]. 北京：煤炭工业出版社, 2007.

[24] 王德明. 矿井通风与安全 [M]. 徐州：中国矿业大学出版社, 2007.

[25] 高庆丛, 王德明, 王和堂, 等. 泡沫除尘技术在综掘面的应用 [J]. 金属矿山, 2010, 10：162-164.

[26] 赵鹏飞, 蒋仲安, 甄增林, 等. 泡沫除尘技术及其在掘进工作面的应用 [J]. 煤炭科学技术, 2006, 34 (12)：38-40.

[27] 叶钟元. 矿尘防治 [M]. 徐州：中国矿业大学出版社, 1991.

[28] 李新东, 许波云, 田水承. 矿山粉尘防治技术 [M]. 西安：陕西科学技术出版社, 1995.

[29] 王雁, 安秋风. 表面活性剂的安全性问题 [J]. 日用化学品科学, 2008, 3l (1)：28-31.

[30] H. R. Moston. Industrial and institutional cleaners: opportunities for mulitfunctional [A]. 5th World Surfactants Conference, Firenze, 2000, 928-938.

[31] W. Warren Schmidt. Solution and Performance ProPerties of new biodegradable high-solubility Surfactants [A]. 5th World Surfactants Conference, Firenze, 2000, 1085-1093.

[32] 张丽丽. 冲击式气流喷雾雾化机理及干燥过程数值模拟的研究 [D]. 济南：大学, 2008.

[33] K. J. Dejuasz. Dispersion of Sprays in Solid Injection Oil Engines [J]. Transaction of ASME (OGP). 1931, 53: 65-71.

[34] P. H. Schweitzer. Mechanism of Disintegration of Liquid Jets [J]. Journal of Applied Physics. 1937, 8: 513-521.

[35] W. Bergwerk. Flow Pattern in Diesel Nozzle Spray Holes [C]. Proceedings of the Institute on Mechanical Engineers. 1959, 173: 655-660.

[36] R. Sadek. Communication to Bergwerk [C]. Proceedings of the Institute on Mechanical Engineers. 1959, 173: 671-678.

[37] V. Ya. Shkadov. Wave Formation on Surfaee of Viscous Liquid Due to Tangential Stress [J]. Fluid Dynamics. 1970, 5 (3): 473-476.

[38] T. Giffen, A. Muraszew. The Atomization of Liquid Fuels [M]. New York: John Wiley and Sons. 1953.

[39] R. D. Reitz, F. V. Bracco. Mechanism of Atomization of a Liquid Jet [J]. Physics of Fluids. 1982, 25 (10): 1730-1742.

[40] L. Rayleigh. On the Instability of Jets [C]. Proeeedings of the London Mathematical Soeiety. 1879, 10 (1): 4-13.

[41] C. Z. Weber. Zum Zerfalleines Flussig keitsstrahles [J]. Mathematicund Meehanik. 1931, 11: 136-154.

[42] S. Chandrasehar. Hydrodynamic and Hydromagnetic Stability [M]. London: Oxford University Press, 1961.

[43] J. B. Keller, S. I. Rubinow, Y. O. Tu. Spatial Instability of a Jet [J]. Physics of Fluids. 1972, 16: 2052-2055.

[44] G. I. Taylor. Generation of Ripples by Wind Blowing Over Viscous Fluids [M]. Cambridge: Cambridge University Press, 1963, 3: 244-254.

[45] S. P. Lin, D. J. Kang. Atomization of a Liquid Jet [J]. Physics of Fluids. 1987, 30: 2000-2006.

[46] H. Q. Yang. Asymmetric Instability of a Liquid Jet [J]. Physics of Fluids. 1922, 4: 681-689.

[47] 史绍熙, 郗大光. 液体射流结构特征的理论分析. 燃烧科学与技术 [J]. 1996, 2 (4): 307-314.

[48] 史绍熙, 郗大光, 秦建荣, 等. 高速黏性液体射流的不稳定性模式 [J]. 内燃机学报. 1997, 15 (1): 1-7.

[49] 史绍熙, 杜青, 秦建荣, 等. 液体燃料射流破碎机理研究中的时间模式与空间模式 [J]. 内燃机学报. 1999, 17 (3): 205-210.

［50］ T. F. Smith, Z. F. Shen, and J. N. Friedman. Evaluation of Coefficients for the Weighted Sum of Gray Gases Model ［J］. Heat Transfer, 1982, 104: 602-608.

［51］ Sallam K A, Dai Z, Faeth G M. Liquid Breakup at the Surface of Turbulent Round Liquid Jets in Still Gases ［J］. Int J Multiphase Flow, 2002, 28: 427-449.

［52］ Faeth G M, Hsiang L P, Wu P K. Structure and Breakup Properties of Sprays ［J］. Int J Multiphase Flow, 1995, 21: 99-127.

［53］ Hwang S S, Liu Z, Reitz R D. Breakup Mechanisms and Drag Coefficients of High -Speed Vaporizing Liquid Drops ［J］. Atom Sprays, 1996, 6 (3): 353-376.

［54］ Hinze J. Fundamentals of the Hydrodynamic Mechanism of Spliting in Dispersion Processes ［J］. AICHE J, 1955, 1 (3): 289-295.

［55］ B. J. Boersma, T. Gerz and U. Schumann. Large-Eddy Simulation of Turbulence Flow in a Cured Pipe ［J］. ASME. Fluids Engineering, 1996, 118: 248-253.

［56］ 李天友, 叶世超, 李黔东, 等. 压力式喷嘴雾化特性研究 ［J］. 化工装备技术. 2006, 27 (3): 27-28.

［57］ Metzler P, WEI P, Buttner H, et al. Electrostatic enhancement of dust separation in a nozzle scrubber ［J］. Journal of Electrostatics, 1997, 42: 123-141.

［58］ 蒋仲安. 湿式除尘机理的研究与应用 ［D］. 北京: 中国矿业大学, 1994.

［59］ 郭金基, 杨宗炼, 邢浩旭. 喷射雾化流体紊流混合降尘的机理研究 ［J］. 流体机械, 1996, 24 (10): 17-19.

［60］ 金龙哲, 李晋平, 孙玉福, 等. 矿井粉尘防治理论 ［M］. 北京: 科学出版社, 2009.

［61］ 吴百剑. 综采工作面粉尘分布规律研究 ［D］. 重庆: 煤科总院重庆研究院, 2008.

［62］ 李新宏. 高压喷雾在掘进工作面应用研究 ［D］. 西安: 西安科技大学, 2011.

［63］ 李艳强, 王福生, 柳晓莉, 等. 矿井粉尘危害综合评价指标体系与应用研究 ［J］. 中国矿业, 2010, 19 (5): 100-103.